自然科学新启发丛书

主　编　　姚宝骏　　郭启祥

本册主编　曾宾宾

shengming de jichu

生命的基础

百花洲文艺出版社
BAIHUAZHOU LITERATURE AND ART PRESS

致同学们

亲爱的同学们：

你们喜欢生物吗？

什么样的物体可以称为生物呢？早晨早早升起的太阳是生物吗？我们吃的米饭、鸡蛋、蔬菜等食物是生物吗？马路边上的树木、花草、昆虫这些又是生物吗？还有池塘里游泳的小鱼儿，天上飞的小鸟儿？

生命科学是研究所有被称为生物的科学，因此又可以称为生物学。据科学家估计，地球上现存已经命名的生物有170万种，还有很多没有被人类发现的生物呢，人类只不过是其中的一种。生命有许多奥秘，尚待人们去探索。什么是生命，生命是如何起源的？物种是怎么来的，地球上有多少物种？提出这些问题，并不是要圆满地回答这些问题，而是要让我们思考，探索。

这本书分为七章，第一章主要介绍了生物有哪些基本特征及其与非生物的区别，中间五章依次介绍了组成生命的物质基础糖类、脂肪、蛋白质、水和维生素的作用，最后一章主要介绍了我们如何来维持生命健康以及合理的膳食营养。

来吧，同学们！走进大自然，了解生命的物质基础！

你们的同学：牛牛

目录
mulu

第一章 大自然中哪些是生物呢?

我们生活在一个异常美丽的星球上，你们知道是什么将我们的环境点缀得如此绚丽多彩吗?

这些形态各异的物体各自具有不同的形态，但是又都具有共同的特征，它们有的具有生命，有的没有生命。请同学们想一想哪些是非生物，哪些又是生物，为什么这样分呢？

小小科学家

科学探究的基本方法——观察法。

观察工具：可以用肉眼，也可以借助放大镜、显微镜、照相机、录像机、摄像机等，有时候还用到测量工具。

观察要求：观察要有明确的目的，观察要

仔细观察生活中的现象

全面、细致和实事求是，及时记录，有计划，有耐心，并且要积极思考，多问为什么，还需要同别人交流看法，进行讨论。

记住：你有一种思想，我有一种思想，我们经过交流，每个人都有两种思想。

选一选

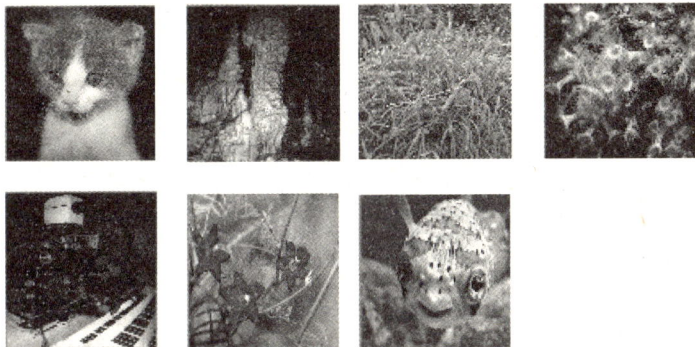

上面几幅图片中，哪些是生物？哪些是非生物呢？

牛牛大讲堂

生物的共性

什么是生物？科学家们探讨了很长的时间，得出结论，在我们生存的大自然中，凡是有生命的物体都叫生物。生物学家通过广泛而深入的研究，认为生物都具有以下基本特征：

1. 生物体具有共同的物质基础和结构基础。从化学组成上说，生物体的基本组成物质中都有蛋白质和核酸，其中蛋白质是生物进行生命活动的主要承担者，核酸储存着遗传信息。从结构上说，除病毒外，生物体都是由细胞

隐藏在树上的猎豹

绿豆植物

构成的，细胞是生物体结构和功能的基本单位。

　　生物的生活需要营养，植物从外界吸收水分、无机盐和二氧化碳，通过光合作用制造出自身所需要的物质，如葡萄糖、淀粉等，这些物质是生物体所特有的，因而叫做有机物。

　　动物不能自己制造有机物，它们以植物或别的动物为食，从中获得营养物质。猎豹常常把自己获得的食物"藏"在树上，以免被别的食肉动物所食。

　　组成生物体的化学元素有二十多种，它们在生物体内的含量不同。含量占生物体总质量万分之一以上的元素，称为大量元素，如C、H、O、N、P、S、K、Ca、Mg等。生物生活所必需，但是需要量却很少的一些元素，称为微量元素，如Fe、Mn、Zn、Cu、B、Mo等。这些化学元素对生物体都有重要作用。组成生物体的二十多

动物们的新陈代谢

种化学元素，在无机自然界都可以找到，没有一种化学元素是生物所特有的。这个事实说明，生物和非生物具有一些相同性。

　　组成生物体的化合物有糖类、蛋白质、核酸、脂类、水和无机盐。

人体的新陈代谢

树也在新陈代谢

　　2. 生物体都有新陈代谢作用。我们每天都要吃饭，要喝水，然后我们也要上厕所，排出废物。生物体时刻不停地与周围环境进行物质和能量交换，即新陈代谢，新陈代谢是生物体进行一切生命活动的基础。生物能进行呼吸，绝大多数生物通过呼吸吸进氧气，呼出二氧化碳。

5

狮子捕猎

"害羞"的含羞草

生物在生活过程中，身体会不断产生多种废物，并且能将废物排出体外。动物和人通过多种方式排出体内废物，例如，人可以通过出汗、呼出气体和排尿将废物排出体外。植物也产生废物，秋天到了，叶子黄了，然后叶子落了，落叶也就带走一部分废物。

3. 生物体都有应激性。在新陈代谢的基础上，生物体对外界刺激都能发生一定的反应。有人要打你，你肯定想都不用想，就会去闪躲。一些动物也是，比如苍蝇、

鲜艳美丽的蘑菇

破土而出的幼苗

破壳而出的小鸡

蚊子,当我们去驱赶它们的时候,它们立刻就飞走了,从而保护自己,适应周围的环境。

狮子发现猎物后迅速追击,斑马发现敌害后迅速奔跑。有些植物如含羞草,它受到触碰时,展开的叶片会合拢。这说明生物能够对来自环境中的各种刺激作出一定的反应。

4. 生物体都有生长、发育和生殖的现象。生物体能够由小长大,当生物体长到一定的时候,就开始繁殖下一代。如蘑菇长大,种子萌发成幼苗,幼苗不断成长。

动物的繁殖方式多种多样。例如,鸟类产下蛋,然后在巢里孵化出小鸟,来繁殖下一代;虎、狼等动物呢,

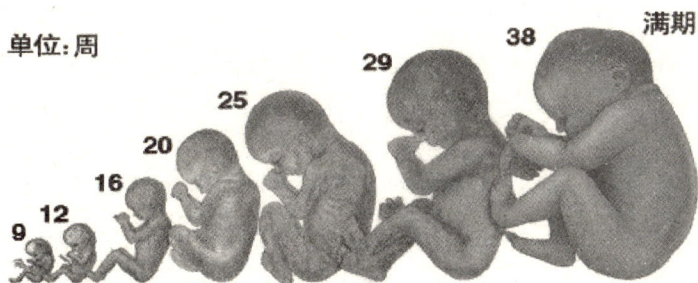
单位:周

9 12 16 20 25 29 38 满期

胎儿的发育

则是哺乳动物，通过直接产仔的方式繁殖下一代。

5. 生物体都有遗传和变异的特征。生物在生殖过程中，能将自身的遗传物质传递给后代，后代个体也会产生各种变异。因此，生物的各个物种既能基本上保持稳定，又能不断地进化。比如，有些同学长的和妈妈有些像，但是在某些地方又有不同。

6. 生物的生活需要一定的环境条件。生物能适应环境，也能影响环境。生物为了适应环境的变化，从形态、生理、生态方面作出的有利于生存的改变叫生态适应。生物的生态适应是生物在生存竞争中为了适应环境的特定性表现，是生物与生态环境长期相互作用的结果。生物有机体或它的各个部分，在环境的长期相互作用中，通过生态适应，形成了一些具有生存意义的特征。依靠这些特征，生物能免受各种环境因素的不利影响和伤害，同时还能有效地从其生存环境中获取所需要的物质能量以确保个体发育的正常进行。生态系统中各种生物有机体，通过适应性的长期积累，越来越有效地利用着地球上的资源。

蝙蝠和鲸同属哺乳动物，但是蝙蝠的前肢不同于一般的兽类，而形同于鸟类的翅膀，适应于飞行活动；鲸由于长期生活在水环境中，体形呈纺锤形，它们的前肢也发育成类似鱼类的胸鳍。生活在沙漠中的仙人掌等，都以肉质化的茎来适应干旱生境。生物与环境之间的作用是相互

肉质化的茎使仙人掌可以适应干旱环境

的。

　　生物在时刻受到环境作用的同时，也对其生存环境产生多方面的影响，使环境条件不同程度地得到改造。生

山洪暴发

严重的泥石流

物与环境的改造作用使环境变得更有利于生物生存，也可对环境资源和环境质量造成不良影响。例如，植物的根具有涵养水分，保持水土净化、美化环境的作用，还有一个

重要的作用是固定流沙。大量的森林被砍伐，会造成水土流失，当降水量增大，暴雨冲刷，就会发生山洪、泥石流等严重自然灾害。由此，我们应该认识到，人类也生活在生物圈中，对环境的破坏必将回报给人类，所以人和自然和谐相处是多么的重要啊！

动脑时间

当我们来到树林里或公园中，周围的景色迷人，有山、有水、有河流，有人、有树、有小草，还有一些不知名的小虫子，河中或小池中时而有小鱼游动，天上时而飞过几只小鸟。

你能静下心来找一找，哪些是生物，哪些不是生物，你判断的依据是什么？

动手试一试

植物根是怎么长的？

既然生物体有应激性，植物又不会动，那么植物是怎样表现应激性的呢？

材料准备

萌发并已长出幼根的玉米种子（小麦种子）

实验用具

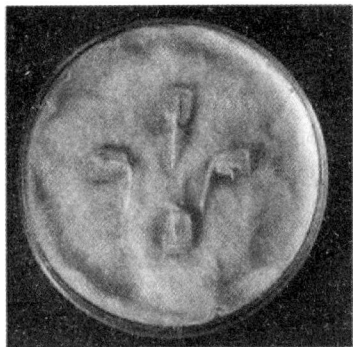

实验插图

培养皿、棉花、滤纸、粘胶带、橡皮泥（可略）、剪刀

实验步骤

1. 选数粒饱满有生命力的玉米种子，放于培养皿中培养（提供种子萌发所需的条件）至其萌发并长出幼根。

2. 选四粒长势良好的玉米种子，平放在一个培养皿中，使幼根分别朝向培养皿中央，按上下左右的位置安放好。

3. 取一张滤纸，剪成和培养皿底部一般大小的圆，放到玉米种子上面，然后用棉花铺上，直到填满整个培养皿（多少以种子不移位为宜），加水湿透棉花。

4. 盖上另半副培养皿，用粘胶带将培养皿封好。

5. 垂直培养，把培养皿竖直放置，用橡皮泥或其他物品固定。

6. 几天后，观察玉米根的生长方向。

注意事项

1. 本实验可用玉米种子直接从步骤2开始，但玉米种子必须确保能萌发，否则容易导致实验失败。

2. 棉花使用不宜过多过紧，多少以种子不移位为宜。

3. 用粘胶带将培养皿封口时，须留有部分空隙。

牛牛趣味集

含羞草为什么会"害羞"呢？

含羞草不仅在夜晚将小叶合拢，叶柄下垂，在白天，当部分小叶受到震动时，也会成对地合拢。如果刺激较强，这种刺激会很快地依次传递到邻近的小叶，乃至整个复叶的小叶，此时复叶叶柄下

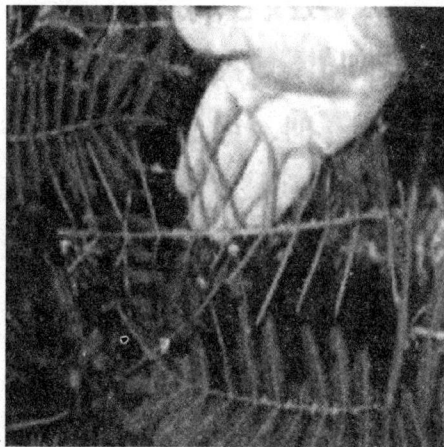

"害羞"的含羞草

垂。若刺激强度较大，甚至可使整株植物的小叶合拢，复叶下垂。但过一段时间，又可恢复原状。含羞草对震动的反应很快，受到刺激0.1秒后就开始产生反应，几秒钟内完成。刺激在含羞草中传递很快，可达40～50厘米/秒。

含羞草复叶下垂，是由于复叶叶柄基部的叶枕中细胞紧张度的变化引起的。叶枕的上半部与下半部组织中细

胞的构造不同，上部的细胞壁较厚，而下部的较薄，下部组织的细胞间隙比上部的大。在外界刺激影响下，叶枕下部细胞的透性增大，水分和溶质由液泡中透出，排入细胞间隙，因此，下部组织细胞的紧张度下降，组织疲软；而上半部组织此时仍保持紧张状态，复叶叶柄即下垂。小叶运动的机理与此相同，只是小叶叶枕的上半部和下半部组织中细胞的构造，正好与复叶叶柄基部叶枕的相反，所以当紧张度改变，部分组织疲软时，小叶即成对地合拢起来。

含羞草这种遇到刺激所作出的反应，是自然选择中形成的对环境的适应。例如，在热带地区经常下暴雨，含羞草对最初的雨滴即作出反应，可以减轻暴雨对植物体的伤害。含羞草的这一特征有利于它的生存。

地衣是大地的"衣服"吗？

地衣是真菌和光合生物之间稳定而又互利的联合体，真菌是主要成员。另一种定义把地衣看作是一类专化性的特殊真菌，在菌丝的包围下，与以水为还原剂的低等光合生物共生，并不同程度地形成多种特殊的原始生物体。传统定义把地衣看作是真菌与藻类共生的特殊低等植物。1867年，德国植物学家施文德纳作出了地衣是由两种截然不同的生物共生的结论。在这以前，地衣一直被误认

生长在岩石上的地衣

为是一类特殊而单一的绿色植物。全世界已描述的地衣有500多属，26000多种。从两极至赤道，由高山到平原，从森林到荒漠，到处都有地衣生长。

珊瑚虫和珊瑚真假生物大揭秘

珊瑚虫是一种海生圆筒状腔肠动物，在白色幼虫阶段便自动固定在先辈珊瑚的石灰质遗骨堆上。珊瑚是珊瑚虫分泌出的外壳，珊瑚的化学成分主要为碳酸钙，以微晶方解石集合体形式存在，成分中还有一定数量的有机质。形态多呈树枝状，上面有纵条纹，每个单体珊瑚横断面有同心圆状和放射状条纹，颜色常呈白色，也有少量蓝色和黑色。珊瑚不仅形象像树枝，颜色鲜艳美丽，可以做装饰

生长在岩石上的珊瑚

品，并且还有很高的药用价值。

所以，珊瑚不是生物，是珊瑚虫分泌的外壳堆积在一起慢慢形成的。珊瑚虫才是生物。

自然吉尼斯

最小的生物

支原体又称菌质体，是一类介于细菌与病毒之间的原核细胞型微生物，是地球上已知的能独立生活的最小微生物，大小约为100纳米。支原体一般都是寄生生物，其

中最有名的当属肺炎支原体，它能引起哺乳动物特别是牛的呼吸器官发生严重病变。

目前有多种理论在解释为什么支原体大小的生物是维持生命的最小个体。细胞由分子组成，分子由原子组成，这些都受到玻尔兹曼常数和普朗克常数的制约。就像物理学家把这些常数运用到一个物理系统中一样，当我们把这些常数运用到细胞中时，就可以看出任何生物体至少需要由100万个性质相同的基本单位组成。事实上，达不到这么多基本粒子的个体是无法在一个变化的环境中维持内部的化学平衡的。把100万个基本单位"包裹"在一起形成一个极小的生命结构，它的长度约为100纳米，这就是支原体所创下的最小纪录。

什么植物的长高速度最快？

"雨后春笋"就是形容竹子生长的速度快，这是其他植物无法达到的。竹子是一种禾本科植物，在全球广泛分布，约4000余种。它们的"根部"（地下茎，也称竹鞭）以一种特殊的方式存在于地下。目前我们已能识别的竹子有近1200种，主要是依据花来对其分类。但竹子的花往往很难见到，因为其花期要间隔数十年，有些种类甚至要间隔上百年。我们一般所指的竹子实际上是它的地上茎（竹杆），其作用是从根部吸取养料，提供给叶子，再将

竹

叶子光合作用产生的化学能转化成糖分子的形式。竹茎显示出极强的生长能力，在最理想的气候条件下，地上部分每天可以增高1米。竹子无疑是一种快速再生资源，正是由于这个原因，世界上近一半的人将它作为生活必需品，在食用、建材、织物等众多方面发挥着作用。其韧性比钢还强，是我们地球上一种多用途、耐久性强的自然资源。

小知识链接

"雨后春笋"现在已经被人们当成一个成语了。"雨后春笋"是什么意思呢？同学们赶紧查查吧。

第二章　能量的仓库

作为生物，都有共同的物质基础，生物的生活需要营养。人体进行生理活动所需要的能量，主要由食物中的糖类供给。糖类是人体进行生命活动的主要能源物质，正是因为这些原因，糖类又被称为能量的仓库。但是，同学们一定要记住哦，我们这一章内容里面提到的糖类可并不仅仅是我们平时吃的糖，可有点不一样哦。它还包括其他很多种呢。

牛牛大讲堂

糖的种类很多，可以分为单糖、二糖和多糖等几类。

单糖包括葡萄糖、果糖、半乳糖、核糖和脱氧核糖等。葡萄糖是绿色植物光合作用的产物，是细胞内主要的

葡萄糖制品

供能物质。核糖和脱氧核糖都是组成核酸的重要物质。

二糖包括蔗糖、麦芽糖和乳糖。蔗糖水解以后产生1分子葡萄糖和1分子果糖；麦芽糖水解以后产生2分子葡萄糖；乳糖水解以后产生1分子葡萄糖和1分子半乳糖。

多糖包括淀粉、糖元（又叫动物淀粉）等，它们水解以后产生许多分子的葡萄糖。食物中含有的糖类主要是淀粉，人体内主要的糖类是糖元和葡萄糖。

葡萄糖

葡萄糖又称为玉米葡糖、玉蜀黍糖，甚至简称为葡糖，是自然界分布最广且最为重要的一种单糖，纯净的葡萄糖为无色晶体，有甜味但甜味不如蔗糖，容易溶于水，葡萄糖在生物学领域具有重要地位，是活细胞的能量来源和新陈代谢的中间产物。植物可通过光合作用产生葡萄

糖。葡萄糖在糖果制造业和医药领域有着广泛应用。

口服葡萄糖一般呈粉状，所以又称葡萄糖粉。天绿原生产的口服葡萄糖是以玉米淀粉为原料，采用双酶法生产的一种功能性速效营养补充品。作为人体的基本元素和最基本的医药原料，该品的作用和用途十分广泛，即可直接应用于人体，又可用于食品加工和医药化工。它能迅速增加人体能量、耐力，可用作血糖过低、感冒发烧、头晕虚脱、四肢无力及心肌炎等症的补充液，对癌症也有一定治疗作用。随着广大人民生活水平的提高，葡萄糖作为蔗糖的替代品应用于食品工业，为葡萄糖的应用开拓了更为广阔的领域。

葡萄糖在人体新陈代谢中起着重要作用，因此美国药典载有葡萄糖酸钙针剂和片剂、葡萄糖酸钾、葡萄糖酸铁等，并在美国大量生产。在食品加工业非常发达的日本，食品添加剂证书上明确记载葡萄糖酸、葡萄糖酸—δ—内酯、葡萄糖酸锌、葡萄糖酸钙、葡萄糖酸亚铁、葡萄糖酸铜可作为食品添加剂。

长期地、科学合理地服用葡萄糖酸，对一个民族身体素质的提高是不言而喻的。据日本一资料统计，二战后日本青少年的平均身高增长了14.8cm，这与他们在食品、药品制造中科学合理地使用葡萄糖酸微量元素是密不可分的。在我国，大家熟知的葡萄糖酸钙的针剂、片剂和葡萄糖酸锌口服液都具有重要的生理功能、治疗功能。"巨能钙"、"补铁口服液"热销全国就是一个充分的验证。

小儿正常生长发育的营养素，以糖类、蛋白质及脂肪三大要素为最重要。糖类是供应体内热量的主要来源。葡萄糖是一种单糖，进入体内可被直接利用。1~6个月的婴儿，食物中的糖类主要是乳糖和少许淀粉。4个月后含淀粉食物逐渐增加，到1岁时胃肠道消化淀粉的各种酶系统逐渐完善，能迅速将其水解为葡萄糖，并在小肠吸收进入血液。吸收后可直接利用以供给能量，或以糖原形式贮存，过量的可变成脂肪。

人体平时不进食葡萄糖，体内也不会缺乏葡萄糖，因此，平时不需补充。但当小儿在患病、拒食时，体质极度衰弱，为保证小儿基础代谢热量的需要，短时喂以葡萄糖，是可取的，有时静脉输给葡萄糖，就是这个道理。但认为葡萄糖营养价值高，过多过久地给予喂哺，而忽略其他食品供给，可影响小儿食欲，并且由于蛋白质及其他营养素得不到补充，会导致生长迟缓，营养不良等。还会因血糖升高，引起一过性糖尿，而发生口渴、多饮多尿症状。

小儿消化道产生其他消化酶的腺体被废弃不用，长久会导致萎缩，消化功能更加下降，使之更不能进食其

他类食物。正常小儿应尽量让其多吃淀粉类食物，练习咀嚼，以促进唾液腺的分泌，增强食欲及消化功能，并有利于颌面骨及牙齿的发育。

家中自制的糖

麦芽糖是糖类的一种，由含淀粉酶的麦芽作用于淀粉而制得。用作营养剂，也供配制培养基用，也是一种中国传统怀旧小食。麦芽糖为无色结晶，味甜，甜度约为蔗糖的三分之一。麦芽糖是一种廉价的营养食品，容易被人体消化和吸收。

麦芽糖是米、大麦、粟或玉蜀黍等粮食经发酵制成的糖类食品。甜味不大，能增加菜肴品种的色泽和香味，全国各地均产。有软硬两种，软者为黄褐色浓稠液体，粘性很大，称胶饴；硬者系软糖经搅拌，混入空气后凝固而成，为多孔之黄白色糖饼，称白饴糖。药用以胶饴为佳。

制作期的麦芽糖

麦芽糖

麦芽糖属二糖类，白色针状结晶，易溶于水，味甜但不及蔗糖，有健脾胃、润肺止咳的功效，是老少皆宜的食品。麦芽糖能润肺、生津、去燥，可用于治疗气虚倦怠、虚寒腹痛、肺虚、久咳久喘等症。

甘蔗中的糖就是蔗糖吗？

蔗糖是人类基本的食品添加剂之一，已有几千年的历史。平时使用的白糖、红糖都是蔗糖。以蔗糖为主要成分的食糖根据纯度由高到低又分为：冰糖（99.9%）、白砂糖（99.5%）、绵白糖（97.9%）和赤砂糖（也称红糖或黑糖）（89%）。蔗糖的原料主要是甘蔗和甜菜。将甘蔗或甜菜用机器压碎，收集糖汁，过滤后用石灰处理，除去杂质，再用二氧化硫漂白；将经过处理的糖汁煮沸，抽去沉底的杂质，刮去浮到面上的泡沫，然后熄火待糖浆结晶成为蔗糖。

平时所吃的红糖

红糖为禾本科草本植物甘蔗的茎经压榨取汁炼制而成的赤色结晶体。异名：沙糖、赤沙糖、紫沙糖、片黄糖。有丰富的糖分、矿物质及甘醇酸。

常常有人好奇，现在当红的日本"黑糖"与我们传统所

说的红糖究竟是不是同样的东西？答案是肯定的，传统的红糖与现在流行的各种黑糖都是以相同方法制作出来的糖，在营养与食用功效上也相同，所以可以说是同样的东西。两者之间颜色的深浅是因受到熬煮糖浆的时间长短所影响，黑糖的熬煮时间较长，糖浆经浓缩后做出来的糖砖呈现出近黑色之外观。至于两者间形态粗细的差异则是因为再加工的方式不同导致，常见有切割成不同大小的糖砖或是研磨成粉状的糖粉。

白糖是由甘蔗和甜菜榨出的糖蜜制成的精糖，白糖色白，干净，甜度高。白糖在生产、包装、运输、贮存过程中，很容易污染上病原微生物。尤其是存放一年以上、颜色变黄的白糖，往往受到螨虫的污染。据实验，从500克也就是一斤白糖中竟检出1.5万只螨虫。人若吃了被螨虫污染的白糖，螨虫就进入消化道寄生，引起腹痛、腹泻等症状，有的甚至引起过敏性反应。如果在婴幼儿或老年人的食物中，直接加入这种被污染的生白糖，可因呛咳等使螨虫进入肺内而引起哮喘或咯血，且容易并发气管炎或肺炎。

适当食用白糖有助于提高机体对钙的吸收；但过多就会妨碍钙的吸收。冰糖养阴生津，润肺止咳，对肺燥咳嗽、干咳无痰、咯痰带血都有很好的辅助治疗作用。红糖虽杂质较多，但营养成分保留较好。它具有益气、缓中、助脾化食、补血破瘀等功效，还兼具散寒止痛作用。所以，妇女因受寒体虚所致的痛经等症或是产后，喝些红糖水往往效果显著。

冰糖是砂糖的结晶再制品。有白色、微黄、微红、深红等色，结晶如冰状，故名冰糖。中国在汉朝时已有生产。冰糖以透明者质量最好，纯净，杂质少，口味清甜，半透明者次之。它可作药用，也可作糖果食用。制糖为中国首创，早在三千多年前中国就有用谷物制作饴糖的记载，根据《齐民要术》的记载可知后汉时中国已经生产蔗糖和冰糖了。唐贞观年间中国自印度传入熬糖法后，改进了工艺，蔗糖质量有所提高。描述：1. 冰糖以白砂糖为原料，经过再溶、清净、重结晶而制成。2. 一种大的、透明的冰块状水合蔗糖晶体。一般用白砂糖、水、蛋清等，经加热、过滤、浓缩结晶、干燥而成，质地坚硬透明。

方糖亦称半方

平时所食用的冰糖

平时所食用的方糖

糖，是用细晶粒精制砂糖为原料压制成的半方块状（即立方体的一半）的高级糖产品，在国外已有多年的历史。它的消费量会随着人们生活水平提高而迅速增大。国内现有数家小型的工厂用购回的精幼砂糖来生产，但只有很少的糖厂制造方糖。

方糖的特点是质量纯净，洁白而有光泽，糖块棱角完整，比较坚硬，不易碎裂，但在水中快速溶解，溶液清晰透明。它的理化成分和精糖基本相同，密度0.95～1.04，孔隙率0.40～0.35。它用防潮的纸盒包装，每盒100块，净重500g或454g（一磅）。

方糖的生产是用晶体尺寸粒度适当的精糖，与少量的精糖浓溶液（或结净水）混合，成为含水分1.5～2.5%的湿糖，然后用成型机制成半方块状，再经干燥机干燥到水分0.5%以下，冷却后包装。

红薯中的主要物质是啥呢？

淀粉是植物体中贮存的养分，贮存在种子和块茎中，各类植物中的含量都较高。可由玉米、甘薯、野生橡子和葛根等含淀粉的物质中提取而得。大米中含淀粉62%～86%，麦子中含淀粉57%～75%，玉蜀黍中含淀粉65%～72%，马铃薯中则含淀粉超过90%。淀粉是食物的重要组成部分，咀嚼米饭等时感到有些甜味，这是因为唾

用各种作物制成的淀粉

液中的淀粉酶将淀粉水解成了二糖——麦芽糖。

各种淀粉是由多个葡萄糖分子缩合而成的多糖聚合物。烹调用的淀粉，主要有绿豆淀粉、木薯淀粉、甘薯淀粉、红薯淀粉、马铃薯淀粉、麦类淀粉、菱角淀粉、藕淀粉、玉米淀粉等。淀粉不溶于水，在和水加热至60℃左右（淀粉种类不同，糊化温度不一样）时，则糊化成胶体溶液。勾芡就是利用淀粉的这种特性。

小知识链接

勾芡的学术概念是：利用淀粉在遇热糊化的情况下，具有吸水、粘附及光滑润洁的特点，在菜肴接近成熟时，将调好的粉汁淋入锅内，使卤汁稠浓，增加卤汁对原料的附着力，从而使菜肴汤汁的

粉性和浓度增加，改善菜肴的色泽和味道。

1. 绿豆淀粉。

绿豆淀粉是最佳的淀粉，一般很少使用。它是由绿豆用水浸胀磨碎后，沉淀而成的。特点是：粘性足，吸水性小，色洁白而有光泽。

2. 马铃薯淀粉。

马铃薯淀粉是目前家庭一般常用的淀粉，是将马铃薯磨碎后，揉洗、沉淀制成的。特点是：粘性足，质地细腻，色洁白，光泽优于绿豆淀粉，但吸水性差。

3. 小麦淀粉。

小麦淀粉是麦麸洗面筋后，沉淀而成或用面粉制成。特点是：色白，但光泽较差，质量不如马铃薯淀粉，勾芡后容易沉淀。

4. 甘薯淀粉。

甘薯淀粉特点是吸水能力强，但粘性较差，无光泽，色暗红带黑，由鲜薯磨碎、揉洗、沉淀而成。

此外，还有玉米淀粉、菱角淀粉、莲藕淀粉、荸荠淀粉等。

母亲乳汁中的糖

乳糖是二糖的一种，存在于哺乳动物乳汁中，因此而得名。味微甜，牛奶中约含乳糖4%，人乳中含5%到7%。工业中从乳清中提取，用于制造婴儿食品、糖果、人造牛奶等。

乳糖是儿童生长发育的主要营养物质之一，对青少年智力发育十分重要，特别是新生婴儿绝对不可缺少的。乳糖在自然界中只有哺乳类动物的奶中含有，在各类植物性食物中是找不到乳糖的。

乳糖的主要功能是为人体供给热能。儿童和成人的生长发育、新陈代谢、组织的合成、正常体温的维持以及体育锻炼、劳动工作都需要大量的热能。特别是小儿对乳糖的分解消化吸收利用都比成年人旺盛，乳糖是小儿体内器官、神经、四肢、肌肉等发育及活动的动力。

小儿的脑细胞发育和整个神经系统的健全都需要大量的乳糖，一周岁以内的小儿每千克体重每天需要糖13克左右。乳糖的另外一个重要作用是促进小儿肠道内的乳酸菌繁殖增长，在肠道中乳糖在乳酸杆菌、乳酸链球菌、多种酶及其他某些微生物的作用下生成乳酸。乳酸对小儿肠胃有调整保护作用，它能抑制肠内异常发酵产生的毒素造成的中毒现象，还可抑制肠内有害细菌的繁殖。

乳糖的另一个作用是在钙的代谢过程中可以促进小儿对钙的吸收。乳中的甜味就来源于乳糖，但乳糖和其他糖类相比甜度较低，所以不会造成小儿的偏食。

同时乳糖还能保持儿童体内水分的平衡，提供与脑和重要器官的构成有关的半乳糖，而且对淀粉的贮存也是必要的。半乳糖对儿童的大脑发育特别重要，它能促进脑苷脂类和粘多糖类的生成。若缺乏乳糖就会引起儿童消瘦、乏力、体重减轻、生长发育缓慢，甚至儿童要消耗体内的脂肪、蛋白质，这可能发生蛋白质缺乏症。

乳糖是糖类中的一种，糖类的化学构成可分为单糖、二糖和多糖。乳糖是二糖，乳糖在人体内被相关酶分解成一分子的葡萄糖和一分子的半乳糖而被人体吸收利用，葡萄糖是血液中唯一合适的糖，血液把葡萄糖送到人体全身的每一个细胞，细胞把葡萄糖转化为二氧化碳及水，并释放出热能。

人乳、牛奶、山羊奶中的乳糖含量是不同的，人乳含乳糖7%，牛奶含乳糖4.2%，山羊奶含乳糖4.6%，牛、羊奶中的乳糖含量都比人乳低。乳糖没有蔗糖甜，它的甜度是蔗糖的六分之一。

乳糖是儿童最好的食用糖类，而且儿童消化道内有充足的分解乳糖的乳糖酶，能很好地分解消化吸收利用乳糖。人乳中的乳糖不但含量比牛、羊奶高而稳定，且不会因母亲的食物变化而变化，也不会因血糖变化而产生波动。

乳糖是牛奶中最丰富的糖类，牛奶中所含的糖类

99.8%是乳糖，另外还有少量的葡萄糖、果糖、半乳糖。乳糖易溶于水，牛奶中的乳糖几乎全部是溶液状态，易于消化吸收。

牛奶中的乳糖在儿童小肠内分解为容易消化的葡萄糖及半乳糖，半乳糖的消化吸收较慢，但半乳糖在儿童肠道内是促进细菌合成维生素K和复合维生素B的促进剂。乳糖还能增进矿物质钙、磷、镁等的吸收，增加血钙浓度，使骨钙沉积更迅速，为奶中高钙的吸收和利用创造了最佳的条件，减少了维生素D的需要量，所以牛奶是人乳很好的代用品。

小小科学家

家里怎么做糖呢？

麦芽糖的制作大概分为以下几个步骤：先将小麦浸泡后让其发芽到三四厘米长，取其芽切碎待用。然后将糯米洗净后倒进锅焖熟并与切碎的麦芽搅拌均匀，让它发酵3~4小时，直至转化出汁液。而后滤出汁液用大火煎熬成糊状，冷却后即成琥珀状糖块。食用时将其加热，再用两根木棒搅出，如拉面般将糖块拉至银白色即可。

麦芽糖在家庭作坊中便可生产，主要制作方法是：

1.选料。选择干燥、纯净、无杂质的小麦（或大

麦）、玉米（或糯米）以及无霉烂变质的红薯作原料。小麦与其他原料的配比为1∶10，即1千克小麦（或大麦），配以10千克玉米（或糯米）以及红薯等。玉米需粉碎成小米大小，红薯需粉碎成豆渣状，但不能粉碎成粉状。

2. 育芽。将小麦麦粒或大麦麦粒洗净，放入木桶或瓦缸内，加水浸泡。浸泡的水，夏天用冷却水，冬天用温水。将麦粒浸泡24小时后捞出，放入箩筐内，每天用温水淋芽两三次，水温不要超过30℃。经过3～4天后，待麦粒长出二叶包心时，将其切成碎段，且越碎越好。

3. 蒸煮。将玉米碎粒或糯米洗净，在水中浸泡4～6小时，待吸水膨胀后，捞起沥干，置于大饭锅或蒸笼内，以100℃蒸至玉米碎粒或糯米无硬心时，取出铺摊于竹席上，晾凉至40℃～50℃。

4. 发酵。将晾凉的玉米碎粒或糯米，拌入已切碎的小麦芽或大麦芽，发酵5～6小时，再装入布袋内，扎牢袋口。

5. 压榨。将布袋置于压榨机或土制榨汁机上，榨出汁液，即为麦芽糖。

6. 浓缩。榨出的汁液经过加热熬煮，便可浓缩成一定的浓度，当水分小于18%的时候可在阴凉干燥处保存1年以上。水分小于15%可以在阴凉干燥处保存若干年时间。

糖与肥胖的关系

糖是组成人体的重要成分之一，虽仅占人体体重的2%，但从食物中进食的糖量却远比蛋白质和脂肪多。因此，糖是人体的主要供能物质，在正常生理情况下，约70%的能量是由糖提供的。

食物经消化吸收进入人体内的单糖主要是葡萄糖，少量的果糖和半乳糖被吸收后，在肝内也几乎全部转变为葡萄糖。因此，体内糖的代谢，实际上是以葡萄糖代谢为中心的。血液中所含的糖主要是葡萄糖，简称血糖。正常人早晨空腹时，每升静脉血液含葡萄糖为3.33mmol/L～5.55mmol/L。在神经和内分泌等体液因素调节下，使血糖的来源和去路维持一种动态平衡。

有人提出疑问说，为什么不吃"肥肉"光吃"馒头"也长得那么胖？那是因为糖除用于每天的能量消耗外，多余的糖一方面合成肝糖原、肌糖原，以供"临时"（指在人体一时摄入不足时，为生命活动提供应急"物资"）使用；另一方面则转变成脂肪或通过转氨基作用合成氨基酸等，而一般情况下，转变成脂肪的量远远大于其他形式。如果人每天摄入超过消耗量的饮食，哪怕只是糖类，结果也会是日见增重。相反，在每日摄入能量不足时，机体就会调用"仓库"中的脂肪，来满足能量消耗，

由此，脂肪就被慢慢消耗一些，体型也就变得"苗条"了。运动与禁食（或控制饮食量）减肥疗法，就是源于这一原理。

另外，肥胖者只要出现血糖值异常，就应尽早检查是否有糖尿病的隐患。因为在我们调查的肥胖者中，糖尿病的发病率比正常人高近1倍，且这类病人多属非胰岛素依赖型，大多只要体重降至正常，糖尿病的情况也就缓解了。

小孩为什么都爱吃糖？

婴儿断奶以后，味觉细胞就发育完全了。因此，婴儿期和幼儿期的儿童应注意进食各种味道的食品，使他的味蕾感受各种味道，并逐渐适应各种味道的刺激。这样，可使儿童的味觉发育相对完善，也是避免其偏食和挑食的有效措施。

一般说来，孩子们都喜欢味道较甜和较香的食品，因为这些食品不仅适合宝宝的口味，而且在精神上和情绪上都能使他们产生良好的感觉。糖类也是能量和蛋白质的重要来源，而婴儿期较多地添加糖类也是不可忽视的因素。由于婴儿期极少或根本没有接触过苦味和酸味食物，成长至幼儿期对此类味感极不适应。所以，在他们味觉全部完善以前，即母乳期便有意识地让他们接触酸、苦、甜、香、辣和咸味，既可预防今后出现偏食，又可增加各类营养物质。如，添加有葱和盐的鱼汤，放有少量胡椒和辣椒的菜汤，加有老醋的汤面，淡茶和淡咖啡等，都少量给予。随着其适应和年龄的增长，逐渐加量。但应注意，添加这种有味食品时，应以某一味道为主，隔时更换，切不可两种或两种以上味道并重，更不可较长时期添加某一种有味食物。否则，达不到调整其味觉的效果，反而造成偏食其味。

医学专家们认为，偏食糖类可使儿童发胖，出现龋齿，甚至产生嗜糖性精神烦躁症；偏食盐会导致青年期以后的高血压；而各种偏食均有可能造成儿童营养不良，并对其视觉和听觉以及嗅觉的发展都有重大影响。所以，劝告年轻的父母，对婴儿的摄糖量要适当，并适当给予各味食物，使之有良好味感，能在幼儿期摄取人体生长发育必要的各种营养物质，健康成长。

不可缺也不可多的糖食营养

糖食，医学上称为碳水化合物，与蛋白质、脂肪并列为三大产能营养素。据营养学家测算，孩子每天所需热量的一半来自于糖食。

糖食不仅来自糖类，而且来自谷物、面粉、蔬菜、水果等；不同的食物含糖量也不同（见下表）。

食物（100克）	碳水化合物含量（克）
大　米	75
面　粉	74
黄　豆	25
胡萝卜	8
苹　果	13

　　孩子每日摄取的糖食需适量，既不可缺也不可多。一般说来，2岁内每天每公斤体重12克即够；2岁以上以每公斤体重10克左右为宜。如果糖食不足，可产生直接或间接的负面影响。

　　直接影响孩子发育迟缓，包括体格发育与智力发育皆落后于同龄儿。原因是由于糖食不足，产生的热量跟不上孩子生长发育的需要。

　　间接影响孩子身体健康，糖食摄入不足，机体便会挪用蛋白质来产热，从而削弱了蛋白质的其他重要生理职能。如抗体减少，引起抗病力降低；或者合成血浆蛋白能力减弱，诱发水肿（医学上称为营养不良性水肿）等，成为多种疾病的温床。

　　不过，糖食也非多多益善。如果过量，同样会产生不良后果。除了人们熟知的肥胖、龋齿等外，还有：

　　降低免疫力。人体血液中一个白血球的平均吞噬病菌能力为14，吃了1个糖馒头之后减为10，吃了1块含糖点心之后减为5，要是吃上1块奶油巧克力，甚至减弱到2！过多糖食对孩子免疫系统的杀伤力之大令人震惊，故孩子切忌滥吃糖类食物，特别是已经生病的孩子，更应限量。

易患近视。糖食在消化、吸收与代谢过程中产生大量的酸性物质，与体内的无机盐尤其是钙盐中和，造成血钙减少，进而使眼球壁弹性降低，眼轴伸长，久之则成近视。

情绪失衡。大量糖食进入体内，在代谢过程中过多消耗维生素B1，致使丙酮酸、乳酸等代谢产物的排出受到影响，滞留于体内，特别是在脑组织中蓄积过多，从而引起孩子情绪变化，出现烦躁、易冲动、任性、爱发脾气、好哭、易怒等症状，医学上谓之嗜糖性精神烦躁症。惟一的防治方法就是限制糖食。

牛牛趣味集

人们对糖的误解

"糖尿病就是糖吃多了"，近年来儿童糖尿病发病率上升，不少父母归咎于吃糖过多。其实这是一种误解。糖类等三大产能营养素均需接受胰岛素的调控，故胰岛素在决定一个人是否罹患糖尿病方面拥有绝对的发言权。如易与儿童结缘的I型糖尿病就是因为胰岛素缺乏所致，而

与吃糖多少无关。

肚子饿了来颗糖。肚子空空时吃颗糖，感觉上不饿了，却会促使胰岛素过度释放，导致血糖快速下降，甚至形成低血糖，从而迫使机体产生另一种激素——肾上腺素，以便使血糖恢复正常。胰岛素和肾上腺素两种荷尔蒙碰撞的结果，使孩子头晕、头痛、出汗、浑身无力。此外，英国生理学家还发现，糖食进入空空的肚子，会降低体内的蛋白质吸收。

煮奶时加点糖。由于牛奶中含有赖氨酸，与糖在高温下接触会产生有毒物质——过糖基赖氨酸。故煮奶过程中不宜加糖，须待牛奶煮好后不烫手时再加糖。

中药太苦也加糖。虽然加糖可以改善中药的口感，利于孩子接受，但却影响了中药的疗效，不宜施行。

什么是糖尿病？

糖尿病是一种血液中的葡萄糖容易堆积过多的疾病。国外给它的别名叫"沉默的杀手"，特别是"成人型糖尿病"，四十岁以上的中年人染患率特别高，在日本，四十岁以上的人口中占10%，即十人当中就有一位糖尿病患者。一旦患上糖尿病，寿命将减少十年之多，且可能发生的并发症遍及全身。

糖尿病本身亦给人带来非常的痛苦。它让人常常觉得口干想喝水，因多尿而半夜多次醒来，尽管已吃了不少食物仍觉饥饿感，体重减轻、嗜睡等等，总让人觉得周身哪处不对劲。等到能够感觉到某处的明显情况时，糖尿病的病情已发展到一定程度了。而可怕的并发症亦随之悄悄地在全身各处发展着。

所谓糖尿病并发症，可以上至头顶下至足底——忧虑、自律神经失调、神经障碍（手脚麻痹、知觉麻痹）、脑血栓、脑梗阻、白内障、蛀牙、口腔炎、支气管炎、皮肤病、心肌梗塞、肺炎、肺结核、肝硬化、生育异常、流产、肾功能不健全、尿毒症、阳痿、女性下体发炎、膀胱炎、尿道炎、坏疽、足病变（水虫等）等等。

在这些并发症中，出现率最高的是视网膜症、肾病和神经障碍，被称为糖尿病的"三大并发症"。这三大并发症在糖尿病患生后二十年以内，有百分之八十的人一定会得患这些疾病。动脉硬化也包括在里面，这是因为血液中过剩的葡萄糖逐渐腐蚀全身器官及其组织的恶果。

一旦患上糖尿病，人体的麻烦随其而至，因为免疫功能减弱，容易感染感冒、肺炎、肺结核等各种感染性疾病，而且不易治愈。并可以选择性地破坏细胞，吞噬细胞。抗癌细胞的防御机能将会大大减弱，致使癌细胞活跃、聚集，导致引发癌病患。

糖尿病是引起广泛并发症的疾病，除了糖尿病之外

几乎很少见。因为并发症的关系，故有人说一旦得了糖尿病，寿命至少减去十年。

糖尿病的症状

临床上以高血糖为主要特点，典型病例可出现多尿、多饮、多食、消瘦等表现，即"三多一少"症状。糖尿病（血糖）一旦控制不好会引发并发症，导致肾、眼、足等部位的衰竭病变，严重者会造成尿毒症。

多食：由于大量糖随尿流失，如每日失糖500克以上，机体处于半饥饿状态，能量缺乏需要补充引起食欲亢进，食量增加。同时又因高血糖刺激胰岛素分泌，因而病人易产生饥饿感，食欲亢进，老有吃不饱的感觉，甚至每天吃五六次饭，主食达1～1.5公斤，副食也比正常人明显增多，还不能满足食欲。

多饮：由于多尿，水分丢失过多，发生细胞内脱水，刺激口渴中枢，出现口渴多饮，饮水量和饮水次数都增多，以此补充水分。排尿越多，饮水也越多，形成正比关系。

多尿：尿量增多，每昼夜尿量达3000～5000毫升，最高可达10000毫升以上。排尿次数也增多，一两个小时就可能小便1次，有的病人甚至每昼夜可达30余次。糖尿病人血糖浓度增高，体内不能被充分利用，特别是肾小球滤出而不能完全被肾小管重吸收，以致形成渗透性利尿，出现多尿。血糖越高，排出的尿糖越多，尿量也越多。

消瘦：体重减轻。由于胰岛素不足，机体不能充分利用葡萄糖，使脂肪和蛋白质分解加速来补充能量和热量。其结果是体内碳水化合物、脂肪及蛋白质被大量消耗，再加上水分的丢失，病人体重减轻、形体消瘦，严重者体重可下降数十斤，以致疲乏无力，精神不振。同样，病程时间越长，血糖越高，病情就越重，消瘦也就越明显。

第三章 能量的中转站

虽然，糖类被人们称为是能量的仓库。但是，能量并不是完全贮藏在糖类中的。其实，能量主要是贮藏在

与生活密切相关的脂类

42

"能量的中转站"——脂肪中的。在这一章中,牛牛将带你走进能量的中转站,去探索脂肪的奥秘。

牛牛大讲堂

脂肪就是油吗?

大家也许对脂肪这个概念不熟悉,但说到柴米油盐,大家肯定熟悉了吧,油就是脂类,我们生活中不可缺少。

脂类是油、脂肪、类脂的总称。食物中的油脂主要是油和脂肪,一般把常温下是液体的称作油,而把常温下是固体的称作脂肪。

脂肪是甘油和三分子脂肪酸合成的甘油三酯。

中性脂肪:即甘油三脂,是猪油、花生油、豆油、菜油、芝麻油的主要成分。

类脂包括磷脂:卵磷脂、脑磷脂、肌醇磷脂。

糖脂:脑苷脂类、神经节昔脂。

脂蛋白:乳糜微粒、极低密度脂蛋白、低密度脂蛋白、高密度脂蛋白。

类固醇:胆固醇、麦角因醇、皮质甾醇、胆酸、维生素D、雄激素、雌激素、孕激素。

在自然界中,最丰富的是混合的甘油三酯,在食物

中占脂肪的98%，在身体中占28%以上。所有的细胞都含有磷脂，它是细胞膜和血液中的结构物质，在脑、神经、肝中含量特别高，卵磷脂是膳食和体内最丰富的磷脂之一。四种脂蛋白是血液中脂类的主要运输工具。

脂类物质具有重要的生物功能。脂类是生物体的能量提供者，也是组成生物体的重要成分，如磷脂是构成生物膜的重要成分；油脂是机体代谢所需燃料的贮存和运输形式；脂类物质也可为动物机体提供溶解于其中的必需脂肪酸和脂溶性维生素。

概括起来，脂类有以下几方面生理功能：

1. 生物体内储存能量的物质，并供给能量。1克脂肪在体内分解成二氧化碳和水并产生38千焦（9卡尔）能量，比1克蛋白质或1克碳水化合物高一倍多。

2. 构成一些重要生理物质，脂肪是生命的物质基础，是人体内的三大组成部分（蛋白质、脂类、糖类）之一。磷脂、糖脂和胆固醇构成细胞膜的类脂层，胆固醇又是合成胆汁酸、维生素D3和类固醇激素的原料。

3. 维持体温、保护内脏和缓冲外界压力。皮下脂肪可防止体温过多向外散失，减少身体热量散失，维持体温恒定；也可阻止外界热能传导到体内，有维持正常体温的作用。内脏器官周围的脂肪垫有缓冲外力冲击、保护内脏的作用，还可减少内部器官之间的摩擦。

4. 提供必需脂肪酸。

5. 脂溶性维生素的重要来源。鱼肝油和奶油富含维生素A、D，许多植物油富含维生素E。脂类还能促进这些脂溶性维生素的吸收。

6. 增加饱腹感。脂肪在胃肠道内停留时间长，所以有增加饱腹感的作用。

我们误解脂肪了

肥胖正成为新世纪的一大难题，越来越多的人患肥胖症，由此人们第一念头即是脂肪惹的祸。脂肪，一种我们耳熟能详却又不甚了解的物质。可说不清从什么时候开始，它的"社会形象"开始变得负面起来，一听到"脂肪"这个词，人们马上联想到臃肿的身材、不健康的饮食、某些慢性疾病的幕后黑手。脂肪果真如此糟糕？它和人们避之不及的肥胖到底有啥关系？脂肪，俗称油脂，由碳、氢和氧元素组成。它既是人体组织的重要构成部分，又是提供热量的主要物质之一。食物中的脂肪在肠胃中消化、吸收后大部分又再度转变为脂肪。它主要分布在人体皮下组织、大网膜、肠系膜和肾脏周围等处。体内脂肪的含量常随营养状况、能量消耗等因素而变动。

过多的脂肪确实可以让我们行动不便，而且血液中过高的血脂，很可能是诱发高血压和心脏病的主要因素。

不过，脂肪实际上对生命极其重要，它的功能众多，几乎不可能一一列举。要知道，正是脂肪这样的物质在远古海洋中划分出界限，使细胞有了存在的基础，依赖于脂类物质构成了细胞膜，将细胞与它周围的环境分隔开。使生命得以从原始的浓汤中脱颖而出，获得了向更加复杂的形式演化的可能。因此毫不夸张地说，没有脂肪这样的物质存在，就没有生命可言。

法国人谢弗勒首先发现，脂肪是由脂肪酸和甘油结合而成。因此可以把脂肪看作机体储存脂肪酸的一种形式，从营养学的角度看，某些脂肪酸对我们的大脑、免疫系统乃至生殖系统的正常运作来说十分重要。但它们都是人体自身不能合成的，我们必须从膳食中摄取。现在的研究还认为，大量摄入这些被称为多不饱和脂肪酸的分子，有助于健康和长寿。同时一些非常重要的维生素需要膳食中脂肪的帮助我们才能吸收，如维生素A、D、E、K等。

另外，由于脂肪不溶于水，这就允许细胞在储备脂肪的时候，不需同时储存大量的水，相同重量的脂肪比糖分解时释放的能量多得多。这就意味着，储存脂肪比储存糖划算。如果在保持总储能不变的情况下，将我们的脂肪换成糖，那么体重很可能至少会翻番，这取决于你的肥胖程度。我们的脊椎动物祖先，显然看中了脂肪作为超高能燃料的巨大好处，为此进化出了独特的脂肪细胞以及由此而来的脂肪组织，也埋下了今日我们肥胖的祸根。

脂肪与体重

虽然人们早就知道，成年人体重的增加源于储脂增多，但美国洛克菲勒大学的Jules Hirsch教授是第一个深入研究脂肪含量变化规律的专家。Hirsch找到了估算体内脂肪细胞总数的方法。由此他发现，肥胖症患者的脂肪细胞数量，是普通人的10倍，达到2500亿之多，并且体积也要大4倍。

人在不同时期，储存脂肪的方式也有所不同：年少时，我们优先增加脂肪细胞的数量；成年后，则先把已有的脂肪细胞装满。如果这类细胞的数量过多，显然很难保持苗条。而吸脂手术后体重的迅速反弹，似乎在暗示，我们的身体能记住脂肪细胞的数量。

1953年，美国生理学家Kenndy提出体重调定点假说。他认为如同体温一样，寒冷时颤抖，太阳下流汗，是为了维持住恒定的体温。当身体发觉体重低于预定值时，就可能通过升高食欲，使你厌倦运动等手段，促使体重尽快恢复到正常状态。

与此同时，Hirsch教授革新了测定人体每日基础能量消耗的方法。基础能量消耗，是维持生存必需的开销，对于缺乏锻炼的人而言，这个消耗就在总花费中占去了大

半。即便你每日入口的食物总量不变，只需基础消耗长期轻微升高或者降低一点，你的体重就可能发生惊人的变化。Hirsch的新方法，给体重调定点假说提供了一定的支持。他发现体重相同的人，每日的基础能量消耗可以大不一样。

身体总是希望回到它自己的平衡点。当然体重恒定点与体温不一样，它的高低受许多因素的影响，如家族背景、儿童时期的营养状况、体育锻炼、年龄等等。毫无疑问，对一些人而言，这个体重的恒定点是偏高了。但目前我们根本没有既有效又安全的方法去调节体重的恒定点。在这样的状况下，试图对抗我们历经数百万年残酷考验才锻造而成的躯体，其难度可想而知。

谁来抑制脂肪过剩？

身体又是如何得知体重变化呢？实际上，我们的脂肪组织会向大脑通报储脂情况，如果储存过多，它们会大量释放一种称为瘦素的激素，知会大脑节制食欲，或许还会激发你运动的兴趣，反之它们则默不作声。

1994年，Friedman和复旦大学毕业的张一影合作，从遗传性肥胖的老鼠身上，找到了制造这个激素的基因，并证实了它的功能。一时间舆论为之沸腾，Amgen公司迅即以2000万美金的代价，获得该基因的专利。然而，奇迹没

有发生。的确，这世上有人正是因为丧失了制造瘦素的能力，而陷入病态肥胖之中，但这样的人实在太少，到目前为止仅发现十余例。

据最新研究显示，体重似乎还和肠胃中的细菌有关。2004年，戈登发现体内无菌的实验鼠虽然食量比它的孪生同胞大29%，但体内脂肪却少了42%之多，同时其基础代谢率还低27%。当把这些可怜的苗条鼠，从无菌环境中放回正常环境后，它们的体重在两星期的时间里，恢复到和同胞一致，食量也随之减少。它也证实了我们长期以来的猜测，肠胃中的细菌能促进食物的消化吸收。戈登小组随后又发现，在人们减肥的过程中，胃肠中拟杆菌的数量明显增加，而这和普通人的情况一致。

不过，对拟杆菌的进一步研究却让人迷惑，这是一种拥有非凡消化能力的细菌，它能够把多种我们自己无法消化的食物，转变为可以吸收利用的形式。让人意外而更觉"过分"的是，它还能抑制一种促进脂肪消耗的蛋白质，从而间接帮助身体积蓄脂肪。看来无论是否喜欢，我们都得继续在漫漫肥胖路上跋涉一阵子了。

目前的研究一再告诉我们的是，脂肪量的变动很可能没有一个普遍性的原因。或许，那些单因素所致的体重异常，都已经被我们发现了。比如：瘦素缺乏，或者由于肾上腺分泌了过多的糖皮质激素……

要透彻地理解发胖原因，也许还必须求助于进化论，了解我们祖先的生活方式。我们那些酷爱甜食的基因，早在祖先们还采在树上的时候就已经进化出来。非洲草原交替分明的气候，旱季食物短缺，难以度过，这些攸关生死、曾经帮助过祖先的基因，在如今这个高营养的时代，成为长胖最本质的根源。

脂肪的供给量

脂肪无供给量标准。不同地区由于经济发展水平和饮食习惯的差异，脂肪的实际摄入量有很大差异。我国营养学会建议膳食脂肪供给量不宜超过总能量的30%，其中饱和、单不饱和、多不饱和脂肪酸的比例应为1:1:1。亚油酸提供的能量能达到总能量的1%~2%即可满足人体对必需脂肪酸的需要。

脂肪的食物来源

除食用油脂含约100%的脂肪外，含脂肪丰富的食品为动物性食物和坚果类。动物性食物以畜肉类含脂肪最丰富，且多为饱和脂肪酸；一般动物内脏除大肠外含脂肪量皆较低，但蛋白质的含量较高。禽肉一般含脂肪量较低，多数在10%以下；鱼类脂肪含量基本在10%以下，多数在5%左右，且其脂肪含不饱和脂肪酸多；蛋类以蛋黄含脂肪最高，约为30%左右，但全蛋仅为10%左右，其组成以单不饱和脂肪酸为多。

除动物性食物外，植物性食物中以坚果类含脂肪量最高，最高可达50%以上，不过其脂肪组成多以亚油酸为主，所以是多不饱和脂肪酸的重要来源。

高脂肪的食物有坚果类（花生，芝麻，开心果，核桃，松仁等等），有动物类皮肉（肥猪肉，猪油，黄油，酥油，植物油等等），还有些油炸食品（面食，点心，蛋糕等等）。低脂肪的食物有水果类（苹果，柠檬等等），蔬菜类（冬瓜，黄瓜，丝瓜，白萝卜，苦瓜，韭菜，绿豆芽，辣椒等等），鸡肉，鱼肉，紫菜，木耳，荷叶茶，醋等等。

肥肉、大豆、花生等食物中含有较多的脂肪。脂肪也是供给人体能量的重要物质。不过，贮存在人体内的脂肪一般是备用的能源物质。你可能有这样的体会，病人几天吃不下食物，身体明显消瘦了。这是因为贮存在体内的脂肪等营养物质消耗多而补充少。想一想，为什么说体育锻炼是减肥的好方法？

小小科学家

为什么不要经常吃油炸食品？

油炸过的食品，香酥可口，而且吃完后不容易饿，

很受人们的喜爱。为什么油炸食品吃后不容易饿呢？原来，油炸食品里富含油脂，油脂可提供较高的热能，而且油脂的消化时间长，在胃里停留久，人就不容易觉得饿。虽然油炸食品色、香、味俱全，而且经沸油烹制，比较卫生，但它还是有不少副作用，多吃无益于我们的健康。

首先，食物经过高温加热后，营养成分流失较多，维生素、必需脂肪酸等营养物质全被破坏了，而且加热后的油脂不容易被人体吸收，还妨碍其他食物中营养物质的吸收。

最重要的是，高温加热后的油脂含有对人体有害的致癌物质。科学家们通过动物实验，进一步证实了加热后的油脂会引起动物出现胃溃疡及胃黏膜瘤、乳头瘤等病。由此可见，油炸食品还是应该少吃。

什么是脂肪肝？

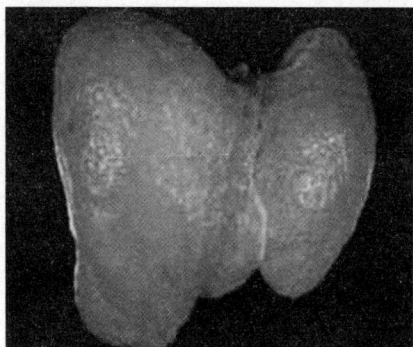

肥大的脂肪肝

脂肪肝，是指由于各种原因引起的肝细胞内脂肪堆积过多的病变。脂肪性肝病正严重威胁国人的健康，成为仅次于病毒性肝炎的第二大肝病，已被公认为隐蔽性肝硬化的常见原因。脂肪肝是一种常见的临床现象，而非一种独立的疾病。临床表现轻者无症状，重者病情凶猛。一般而言，脂肪肝属可逆性疾病，早期诊断并及时治疗可恢复正常。

脂肪肝的临床表现多样，轻度脂肪肝的症状：有的仅有疲乏感，而多数脂肪肝患者较胖，故更难发现轻微的自觉症状。中重度脂肪肝有类似慢性肝炎的表现，有食欲不振、疲倦乏力、恶心、呕吐、体重减轻、肝区或右上腹隐痛等。

脂肪肝的病人多无自觉症状，或仅有轻度的疲乏、食欲不振、腹胀、嗳气、肝区胀满等感觉。由于患者转氨酶常有持续或反复升高，又有肝脏肿大，易误诊为肝炎，应特别注意鉴别。B超、CT均有较高的诊断符合率，但确诊仍有赖于肝穿活检。

脂肪肝是指脂肪在肝内的过度蓄积。一旦患了脂肪肝，应如何处置呢？

首先，找出病因，有的放矢采取措施。如长期大量饮酒者应戒酒；营养过剩、肥胖者应严格控制饮食，使体能恢复正常；有脂肪肝的糖尿病人应积极有效地控制血糖；营养不良性脂肪肝患者应适当增加营养，特别是蛋白质和维生素的摄入。总之，去除病因才有利于治愈脂肪肝。

其次，调整饮食结构，提倡高蛋白质、高维生素、低糖、低脂肪饮食。不吃或少吃动物性脂肪、甜食（包括含糖饮料）。多吃青菜、水果和富含纤维素的食物，以及高蛋白质的瘦肉、河鱼、豆制品等，不吃零食，睡前不加餐。

还有，适当增加运动，促进体内脂肪消耗。每天跑步，每小时至少6公里才能达到减肥效果。仰卧起坐或健身器械锻炼都是很有益的。

再有，硒被称为重要的"护肝因子"，补硒能让肝脏中谷胱甘肽过氧化物酶的活性达到正常水平，对养肝护肝起到良好作用。以硒麦芽粉、五味子为主要原料制成的养肝片，具有免疫调节的保健功能，对化学性肝损伤有辅助保护作用，有养肝、保肝、护肝作用。

最后，药物辅助治疗。脂肪肝并不可怕，早期发现积极治疗，一般都能痊愈，且不留后遗症。值得注意的是，脂肪肝的预防工作应从儿童做起，尤其是独生子女，想吃什么就给什么，活动又少，一旦变成"小胖墩"，恐已有脂肪肝了。

脂肪酸缺乏症发现的历史

1918年Aron首先提出脂肪对动物的正常生长发育是必需的。1927年Evans和Burr进一步说明缺乏脂肪会严重影响实验动物的生长和繁殖。1929年Burr发现断奶大鼠不吃脂肪则影响生长，出现鳞状皮肤、尾部怀色和死亡率增加等现象，给予亚油酸后，这些表现可逆转，于是确定亚油酸和α－亚麻酸为必需脂肪酸。1928年又确定花生四烯酸为必需脂肪酸。1958年首先发现人类必需脂肪酸缺乏症，婴儿喂以缺乏EFA的配方奶出现严重的皮肤症状，添加亚油酸后症状减轻。1928年Halman等报告了第一例亚麻酸缺乏病例，靠富含亚油酸的葵花籽油乳液维持生活5个月的6岁女孩，出现神经症状和血清亚麻酸含量低下，改换富含n-3脂肪酸的豆油乳液后，症状改善。1984年Neuringes等指出缺乏亚麻酸的恒河猴的子代视力缺损。

牛牛趣味集

肥胖症

肥胖症是因过量的脂肪储存使体重超过正常20%以上的营养过剩性疾病。有单纯性肥胖症和继发性肥胖症两类。

单纯性肥胖指无明显内分泌代谢疾病，继发性肥胖主要为神经内分泌疾病所致。脂肪是人体大量储存热能的组织，正常情况人体均有脂肪储存以备应急之需。脂肪储存于皮下和内脏器官周围，对人体遭受外来冲击有保护和

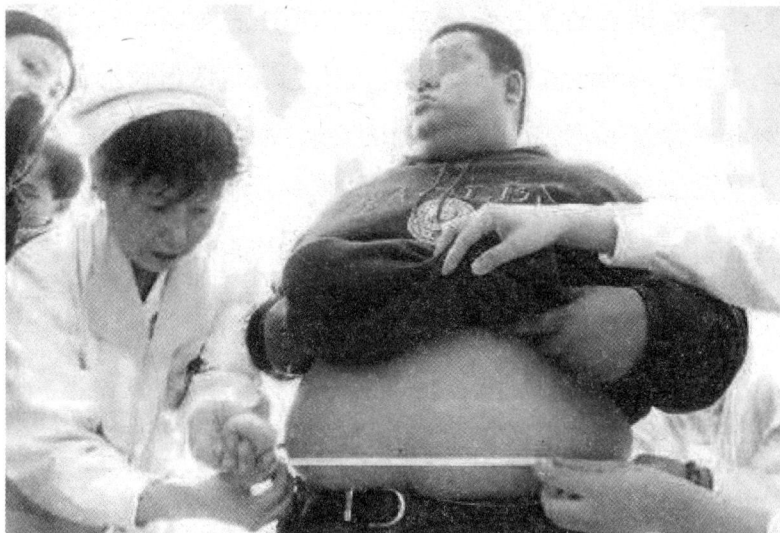

缓冲作用。脂肪细胞数目在青少年时期（16～18岁）就已固定。成年人的肥胖是因脂肪细胞内的脂肪含量增加，使每个脂肪细胞肥大和充盈，而不是脂肪组织的增长。肥胖与健康的关系极为密切，人的寿命与体重有关，据大量的追踪调查，最长寿命者是比标准体重重10～20%的人。而肥胖者血脂、血氨基酸、血胰岛素增高，易发生高血压病、心脏病、糖尿病等。肥胖与健康的关系越来越引起人们和社会的广泛重视，而且从儿童和青少年时期就要开始重视。

判定肥胖程度通常要测量体重、身高或测定几处皮下脂肪的厚度。简单判定标准体重的公式是：标准体重（kg）＝身高（cm）－100。超过标准体重的20～30%者为轻度肥胖症，超过30～50％者为中度肥胖症，超过50％以上者为高度肥胖症。

肥胖症的原因：绝大多数是由于摄入的热能超过了消耗的热能，超出部分的热能以脂肪的形式储存于皮下及内脏器官的周围，这种肥胖是渐进性的。在中年人，尤其是中年妇女表现明显，由于中年人缺少改变的生活方式，活动减少，若不注意饮食，热能摄入稍多于消耗，久而久之就会有脂肪堆积而发生肥胖。有人计算过，每天摄入的热能仅超过消耗热能的5％（大约为100kcal相当于不到25g的粮食或肉），1年内体重就能增加3kg，2年内全身脂肪含量就比正常含量增加1倍。看电视时间过长，活动量减少，也是造成肥胖的原因。此外，遗传和内分泌疾病（甲状腺疾病、垂体疾病、肾上腺皮质功能亢进、男性生殖腺功能低下及糖尿病等）及其他原因也可引起肥胖，这些情况下常表现有神经系统、内分泌系统的紊乱，要积极治疗。

肥胖并不可怕

随着人民生活水平的不断提高，肥胖已成为社会问题，特别是儿童，营养过剩、缺乏运动，肥胖者逐年增多。肥胖症是以身体脂肪含量增多为特征的疾病，往往会并发脂肪肝、高脂血症、动脉硬化、冠心病及Ⅱ型糖尿病等。

　　高血压是肥胖症最常见的并发病，肥胖易发生高血压的机制尚不清楚。据调查，肥胖症病人高血压的发生率比正常体重的人高3倍，有些国家肥胖者的高血压发病率常达50%左右，高血压病并发脑出血的发病年龄也越来越向前推移。

　　心脏病的突发危险在肥胖病人中也明显增加，因为肥胖症患者常有高胆固醇血症，血脂也高，而血脂中具有明显保护血管作用的高密度脂蛋白浓度降低，而低密度脂蛋白则增高。这就有利于胆固醇在冠状动脉管壁的沉积，形成冠心病。

　　胖人也易发生糖尿病，有人曾调查了1000名糖尿病患者发病前的体重，在标准体重以下者仅占8%，标准体重者占15%，超过标准体重者达77%。

　　有些调查还证实肥胖与某些癌症的高发率有关。体重超过标准体重20%或更多时，男性的癌症发病率增加16%，妇女增加13%。

　　此外，一些慢性疾病如胆道结石、关节炎、静脉血栓形成和慢性支气管炎等的发病率在肥胖病人中也都有所增加。

　　肥胖病人由于动作反应迟钝，肢体不灵活，发生外伤的机会也会增加，肥胖病人作外科手术时一般伤口的愈合时间较慢，因而手术并发症的几率也随之增加。

　　肥胖病人增多还会带来不少社会问题，如肥胖病人不适宜从事某些工种和职业，服兵役也不合适。

　　肥胖还会带来种种心理问题，这在儿童身上表现更为明显，如常常有人取笑他们，因而他们拒绝参加社会活动和交朋友，产生孤独感。由于肢体活动不灵活，也拒绝参加各种体育活动，形成"越不活动就越胖"的不良循环。若不注意心理因素，即使控制膳食也不会产生积极的减肥效果。

　　对于因能量摄入过多、活动过少而引起的肥胖症，预防的办法是有意识地控制能量摄入和积极参加体力或体育活动，以消耗摄入的多余能量，避免过多的脂肪在体内积存。每个人应根据自己的情况掌握活动的内容和时间，但要持之以恒。

积极参加体育锻炼

　　一般儿童的生长发育过程是：从出生到3、4个月时较瘦，接下来到一岁半期间是体内脂肪组织和

脂肪细胞的高速增长期。在这一期间，采用人工喂养的幼儿，父母应注意孩子饮食中能量和营养的平衡；采用母乳喂养的幼儿，也应注意母亲饮食中能量和营养的平衡。这期间过后，儿童开始长高，看上去孩童好像变瘦了，其实体重仍在增加。5～6岁时最瘦，6岁后又开始变胖直至青少年发育期再变瘦。在此强调儿童这一生长发育特征的目的，是希望家长和医务工作者注意，处于生长发育期的儿童可能在某段时间里会以"长肉"为主，这时他的体重可能超重；然后儿童可能突然长高几厘米，体重就又回到正常范围内。因此，对于生长发育期的肥胖孩童，除了严重肥胖需要立即减肥者外，其他人不必过分强调饮食控制，而应鼓励他们维持目前的体重，因为一旦孩童长高了，体重和身高的比例可能就会自然回到正常范围。但应该注意培养孩子养成不挑食、不偏食的饮食习惯，不要养成孩子嗜食甜食和零食的习惯。在我们临床工作中发现，许多孩子的肥胖不仅与饮食中的能量过剩有关，而且还与都市生活造成孩子活动空间过小、运动量和运动时间过少有着密切的关系。家长应鼓励和支持孩子参加各种体育锻炼和体力劳动，养成爱好体育运动的习惯。在家长有空闲的时候也要带孩子多到郊外走走，既可放松紧张的神经，还可以培养孩子热爱大自然、热爱生命、热爱体育运动的兴趣。

第四章　生命奥秘的承载者

　　正是因为蛋白质的不同，才会使得我们的世界中呈现出各种不同的生命。所以，蛋白质又被称为生命奥秘的承载者。在本章的内容里，牛牛将引领我们去学习生命的奥秘。生命的最基本的物质基础——蛋白质。

牛牛大讲堂

生命的起源

　　从古至今，有很多说法来解释生命起源的问题。如西方的创世说，中国的盘古开天地说等。但直到十九世纪，伴随着达尔文《物种起源》一书的问世，生物科学发生了前所未有的大变革，同时也为人类揭示生命起源这一千古之谜带来了一丝曙光，这就是现代的化学进化论。生命起源的化学进化论在1953年首先得到了美国学者米勒

的证实，米勒描述的生命起源的事件是什么样子的呢？那就是在早期，地球上含有大量的还原性原始大气，比如说甲烷、氨气、水、氢气，还有原始的海洋，早期地球上闪电作用把这些气体聚合成多种氨基酸，而这多种氨基酸，在常温常压下，可能在局部浓缩，再进一步演化成蛋白质和其他的多糖类以及高分子脂类，在一定的时候有可能孕发成生命，这就是米勒描述的生命进化的过程。

生命起源是一个亘古未解之谜，地球上的生命产生于何时何地？是怎样产生的？千百年来，人们在破解这一谜底的过程中，遇到了不少陷阱，同时也见到了前所未有的光明。在两千五百年前的春秋时代，老子在《道德经》里写到"道生一，一生二，二生三，三生万物"。用现在的话说，就是地球上的生命是由少到多，慢慢演化而来。它们有一个共同的祖先，这个祖先就是一，而这个一是由天地而生，用今天的话说，可能就是由无机界所形成。

生命的起源应当追溯到与生命有关的元素及化学分子的起源。因而，生命的起源过程应当从宇宙形成之初、通过所谓的"大爆炸"产生了碳、氢、氧、氮、磷、硫等构成生命的主要元素谈起。

大约在66亿年前，银河系内发生过一次大爆炸，其碎片和散漫物质经过长时间的凝集，大约在46亿年前形成了太阳系。作为太阳系一员的地球也在46亿年前形成了。

接着，冰冷的星云物质释放出大量的引力势能，再转化为动能、热能，致使温度升高，加上地球内部元素的放射性热能也发生增温作用，故初期的地球呈熔融状态。高温的地球在旋转过程中其中的物质发生分异，重的元素下沉到中心凝聚为地核，较轻的物质构成地幔和地壳，逐渐出现了圈层结构。这个过程经过了漫长的时间，大约在38亿年前出现原始地壳，这个时间与月球表面的最古老岩石年龄一致。资料表明前生物阶段的化学演化并不局限于地球，在宇宙空间中广泛地存在着化学演化的产物。在星际演化中，某些生物单分子，如氨基酸、嘌呤、嘧啶等可能形成于星际尘埃或凝聚的星云中，接着在行星表面的一定条件下产生了像多肽、多聚核苷酸等生物高分子。通过若干前生物演化的过渡形式最终在地球上形成了最原始的生物系统，即具有原始细胞结构的生命。至此，生物学的演化开始，直到今天地球上产生了无数复杂的生命形式。

如果同学们对生命起源感兴趣的话，可以去查找更多的资料来探索。

初识蛋白质

蛋白质是生命的物质基础，没有蛋白质就没有生命。因此，它是与生命及与各种形式的生命活动紧密联系在一起的物质。机体中的每一个细胞和所有重要组成部

各种含蛋白质的食物

分都有蛋白质参与。蛋白质占人体重量的16.3%，即一个60kg重的成年人其体内约有蛋白质9.8kg。人体内蛋白质的种类很多，性质、功能各异，但都是由20种氨基酸及其衍生物按不同比例组合而成的，并在体内不断进行代谢与更新。

氨基酸是蛋白质的基本单位，氨基酸通过化学反应将一个个氨基酸联接成肽链，一条条的肽链又相互连接形成生物大分子，即是蛋白质了。蛋白质是构成细胞的一种基本物质。蛋白质的种类很多，如人和动物的肌肉主要是蛋白质，输送氧气的血红蛋白是蛋白质，人体内进行生物化学反应时起催化作用的各种酶大都是蛋白质。蛋白质结构复杂，但是各种蛋白质的基本组成单位都是氨基酸。

　　组成人体蛋白质的氨基酸有20种。其中有8种氨基酸——赖氨酸、亮氨酸、异亮氨酸、蛋氨酸（甲硫氨酸）、苯丙氨酸、苏氨酸、色氨酸、缬氨酸在人体内不能合成，必须从食物中取得，称为必需氨基酸。其他12种可以在体内合成，称为非必需氨基酸。蛋白质营养价值的高低，决定于它所含必需氨基酸的种类、含量及其比例是否与人体所需要的相近似。一般说来，动物蛋白质所含的必需氨基酸，组成和比例方面都比较合乎人体的需要，植物蛋白质则差一些，所以前者的营养价值比后者高些。

　　把几种营养价值较低的蛋白质，经混合以后使营养价值提高，称为不同蛋白质的互补作用。例如，谷类食物中，赖氨酸的含量较少，但色氨酸的含量相对较多；有些豆类食物，赖氨酸的含量较多，而色氨酸的含量则较少。把这两类食物混合食用，使这两种氨基酸的含量相互补充，在比例上接近人体的需要，就提高了营养价值。为了发挥蛋白质的互补作用，食品种类应该多样化。

　　如果人体内蛋白质长期不足，就会形成蛋白质缺乏症。患者体重减轻，抵抗力降低，创伤修复缓慢，出现水肿和贫血等现象，婴儿发育迟缓。

蛋白质的分类

　　营养学上根据食物蛋白质所含氨基酸的种类和数量

将食物蛋白质分三类：1. 完全蛋白质，这是一类优质蛋白质。它们所含的必需氨基酸种类齐全，数量充足，彼此比例适当。这一类蛋白质不但可以维持人体健康，还可以促进生长发育。奶、蛋、鱼、肉中的蛋白质都属于完全蛋白质。2. 半完全蛋白质，这类蛋白质所含氨基酸虽然种类齐全，但其中某些氨基酸的数量不能满足人体的需要。它们可以维持生命，但不能促进生长发育。例如，小麦中的麦胶蛋白便是半完全蛋白质，含赖氨酸很少。食物中所含与人体所需相比有差距的某一种或某几种氨基酸叫做限制氨基酸。谷类蛋白质中赖氨酸含量多半较少，所以，它们的限制氨基酸是赖氨酸。3. 不完全蛋白质，这类蛋白质不能提供人体所需的全部必需氨基酸，单纯靠它们既不能促进生长发育，也不能维持生命。例如，肉皮中的胶原蛋白便是不完全蛋白质。

蛋白质对人体的作用

蛋白质是人体极为重要的营养素。每日的需要量又较多（70～75克干重），因此，要纠正营养不良，应格外重视加强和调整蛋白质食物。因为蛋白质在人体中的生理功能，实在是太重要了。

首先，蛋白质能构成和修补身体组织。它占人的体重的16.3%，占人体干重的42%～45%。身体的生长发

育、衰老组织的更新、损伤组织的修复，都需要用蛋白质作为机体最重要的"建筑材料"。儿童长身体更不能缺少它。

其次，蛋白质能构成生理活性物质。人体内大多数的酶、激素以及抗体等活性物质都是由蛋白质组成的。人的身体就像一座复杂的化工厂，一切生理代谢、化学反应都是由酶参与完成的。生理功能靠激素调节，如生长激素、性激素、肾上腺素等。抗体是活跃在血液中的一支"突击队"，具有保卫机体免受细菌和病毒的侵害、提高机体抵抗力的作用。

第三，蛋白质能调节渗透压。正常人血浆和组织液之间的水分不断交换并保持平衡。血浆中蛋白质的含量对保持这种平衡状态起着重要的调节作用。如果膳食中长期缺乏蛋白质，血浆中蛋白质含量就会降低，血液中的水分便会过多地渗入到周围组织，出现营养性水肿。这就是三年自然灾害期间不少人出现水肿的生理学原因。

第四，蛋白质能供给能量。这不是蛋白质的主要功能，我们不能拿"肉"当"柴"烧。但在能量缺乏时，蛋白质也必须用于产生能量。另外，从食物中摄取的蛋白质，有些不符合人体需要，或者摄取数量过多，也会被氧化分解，释放能量。

牛牛问与答

为什么不要空腹喝牛奶?

据美英两国学专家研究发现,牛奶中含有两种过去人们未知的催眠物质,其中一种是可以合成能够促进睡眠的血清素的色氨酸,由于它的作用,往往只需要一杯牛奶就可以使人入睡;另外一种则是具有类似麻醉镇静作用的天然吗啡类物质。所以,如果在早晨饮奶,就必然会使人的大脑皮层受到抑制,影响白天的工作和学习。此外,早晨饮奶也不利于消化和吸收,这是因为牛奶的蛋白质要经过胃和小肠的分解形成氨基酸后才能被人体吸收,而早晨空腹状态下,胃、肠的排空是很快的,因此牛奶还来不及消化就被排到了大肠。再有,食物当中被吸收的蛋白质只有在热量充足的基础才能构成身体组织的一部分,倘若热量不足,吸收的蛋白质就很快变成热量而被消耗掉了,这无疑是大材小用的浪费。

牛奶营养丰富,但是如果空腹饮用,由于牛奶中大部分是水分,将会使胃液稀释,影响其消化和吸收;另外,牛奶为液体,在胃肠道滞留时间较短,营养成分难以充分吸收,所以最好将面包、饼干等食物与牛奶同时食用。牛奶中有一种会使人有疲劳感的物质——色氨酸,对人体有镇静作用。如果在早晨空腹喝一杯牛奶,可能使人

在上午出现疲劳感，从而影响白天的工作和学习效果。而睡前喝一杯牛奶，能够补充营养，促进睡眠，保证充分的休息，特别对神经衰弱、睡眠不佳的人有明显作用。因此营养专家们认为，牛奶最好在傍晚或临睡之前半小时饮用。

蛋白质的营养价值都是一样的吗？

这是不一样的。食物蛋白质的含量不等于质量，不同食物的蛋白质质量差异很大，主要取决于氨基酸组成。如果该食物氨基酸组成与人体内蛋白质的氨基酸组成越接近，则越易被人体吸收利用，营养价值也就越高。动物性食物蛋白质如蛋、奶、肉、鱼以及大豆蛋白，被称为优质蛋白。而大多数植物性蛋白质的营养价值较低。大豆及其制品（如豆腐）是植物性食物中的一个例外，它不仅蛋白质含量高，而且营养价值也不错，价廉物美，是国内外营养学家推崇的优质蛋白来源，经过加工处理后的大豆及其制品，其蛋白质营养价值可与禽畜肉蛋白质一比高低，大豆蛋白因此被冠之为"植物肉"、"绿色牛奶"等美称。

食物中的蛋白质

含蛋白质多的食物包括：牲畜的奶，如牛奶、羊奶、马奶等；畜肉，如牛、羊、猪、狗肉等；禽肉，如

鸡、鸭、鹅、鹌鹑、鸵鸟等；蛋类，如鸡蛋、鸭蛋、鹌鹑蛋等；及鱼、虾、蟹等；还有大豆类，包括黄豆、大青豆和黑豆等。其中以黄豆的营养价值最高，它是婴幼儿食品中优质的蛋白质来源。此外像芝麻、瓜子、核桃、杏仁、松子等干果类的蛋白质含量均较高。由于各种食物中氨基酸的含量、所含氨基酸的种类各异，且其他营养素（脂肪、糖、矿物质、维生素等）含量也不相同，因此，给婴儿添加辅食时，以上食品都是可供选择的，还可以根据当地的特产，因地制宜地为小儿提供蛋白质高的食物。

蛋白质食品价格均较昂贵，家长可以利用几种廉价的食物混合在一起，提高蛋白质在身体里的利用率，例如，单纯食用玉米的生物价值为60%、小麦为67%、黄豆为64%，若把这三种食物，按比例混合后食用，则蛋白质的利用率可达77%。

怎样选择蛋白质食物？

蛋白质食物是人体重要的营养物质，保证优质蛋白质的补给是关系到身体健康的重要问题，怎样选用蛋白质才既经济又能保证营养呢？

首先，要保证有足够数量和质量的蛋白质食物。根据营养学家研究，一个成年人每天通过新陈代谢大约要更新300g以上蛋白质，其中3/4来源于机体代谢中产生的氨基酸，这些氨基酸的再利用大大减少了需补给蛋白质的数量。一般地讲，一个成年人每天摄入60g～80g蛋白质，基本上已能满足需要。

其次，各种食物合理搭配是一种既经济实惠，又能有效提高蛋白质营养价值的有效方法。每天食用的蛋白质最好有1/3来自动物蛋白质，2/3来源于植物蛋白质。我国人民有食用混合食品的习惯，把几种营养价值较低的蛋白质混合食用，其中的氨基酸相互补充，可以显著提高营养价值。例如，谷类蛋白质含赖氨酸较少，而含蛋氨酸较多；豆类蛋白质含赖氨酸较多，而含蛋氨酸较少。这两类蛋白质混合食用时，必需氨基酸相互补充，接近人体需要，营养价值大为提高。

第三，每餐食物都要有一定质和量的蛋白质。人体没有为蛋白质设立储存仓库，如果一次食用过量的蛋白质，势必造成浪费。相反，如食物中蛋白质不足时，青少年发育不良，成年人会感到乏力，体重下降，抗病力减弱。

第四，食用蛋白质要以足够的热量供应为前提。如果热量供应不足，肌体将消耗食物中的蛋白质来作能源。每克蛋白质在体内氧化时提供的热量是18kJ，与葡萄糖相当，用蛋白质作能源是一种浪费。

必需氨基酸和非必需氨基酸

是不是说：必需氨基酸就是我们人体需要的，非必需氨基酸就是我们不需要的呢？其实不是的，食物中的蛋白质必须经过肠胃道消化，分解成氨基酸才能被人体吸收利用，人体对蛋白质的需要实际就是对氨基酸的需要。吸收后的氨基酸只有在数量和种类上都能满足人体需要，身体才能利用它们合成自身的蛋白质。营养学上将氨基酸分为必需氨基酸和非必需氨基酸两类。

必需氨基酸指的是人体自身不能合成或合成速度不能满足人体需要，必须从食物中摄取的氨基酸。对成人来说，这类氨基酸有8种，包括赖氨酸、蛋氨酸、亮氨酸、异亮氨酸、苏氨酸、缬氨酸、色氨酸和苯丙氨酸。对婴儿来说，除上述八种外，组氨酸、精氨酸也是必需氨基酸。

非必需氨基酸并不是说人体不需要这些氨基酸，而是说人体可以自身合成或由其他氨基酸转化而得到，不一定非从食物直接摄取不可。这类氨基酸包括谷氨酸、丙氨酸、精氨酸、甘氨酸、天门冬氨酸、胱氨酸、脯氨酸、丝氨酸和酪氨酸等。有些非必需氨基酸（如胱氨酸和酪氨酸）如果供给充裕还可以节省必需氨基酸中蛋氨酸和苯丙氨酸的需要量。

蛋白质和健康

蛋白质是荷兰科学家格里特在1838年发现的。他观察到有生命的东西离开了蛋白质就不能生存。蛋白质是生物体内一种极重要的高分子有机物，占人体干重的54%。蛋白质主要由氨基酸组成，因氨基酸的组合排列不同而组成各种类型的蛋白质。人体中估计有10万种以上的蛋白质。生命是物质运动的高级形式，这种运动方式是通过蛋白质来实现的，所以蛋白质有极其重要的生物学意义。人体的生长、发育、运动、遗传、繁殖等一切生命活动都离不开蛋白质。生命活动需要蛋白质，也离不开蛋白质。

人体内的一些生理活性物质如胺类、神经递质、多肽类激素、抗体、酶、核蛋白以及细胞膜上、血液中起"载体"作用的蛋白都离不开蛋白质，它对调节生理功能，维持新陈代谢起着极其重要的作用。人体运动系统中肌肉的成分以及肌肉在收缩、做功、完成动作过程中的代谢无不与蛋白质有关，离开了蛋白质，体育锻炼就无从谈起。

在生物学中，蛋白质被解释为是由氨基酸借肽键联接起来形成多肽，然后由多肽连接起来形成的物质。通俗易懂地说，它就是构成人体组织器官的支架和主要物质，在人体生命活动中，起着重要作用，可以说没有蛋白质就

没有生命活动的存在。每天的饮食中蛋白质主要存在于瘦肉、蛋类、豆类及鱼类中。

蛋白质过量：蛋白质在体内不能贮存，多了肌体无法吸收，过量摄入蛋白质，将会因代谢障碍产生蛋白质中毒甚至死亡。

当蛋白质的摄入量不足时，幼儿、青少年表现为生长发育迟缓、消瘦、体重过轻、智力发育差、视觉差；成年人常出现疲倦，体重下降、肌肉萎缩、贫血、泌乳量减少，血浆蛋白降低，长此以往就会形成营养不良性水肿，白细胞和抗体量减少，免疫力下降，器官组织的受损修补能力缓慢。此外，蛋白质缺乏可引起肝脏脂肪沉着及肝硬变，内分泌失调等。

蛋白质的多少，本质上与肥胖没有多少关系，因为一般说来，蛋白质和脂肪是不互相转换的。只是蛋白质在每天的新陈代谢中都要不断消耗，消耗的量也相对稳定。一旦摄入不足，则可见其人"日见消瘦"。我们知道，任何一位肌肉发达的人，他的皮下脂肪组织一定是相对较少，一方面是由于发达的肌肉需要不懈地锻炼，锻炼的结果是消耗脂肪，强健肌肉；另一方面，也正是因为皮脂厚度低，才得以显现出发达的肌肉组织。因此，有些肌肉很发达（如健美运动员）的人，即便体重超过标准体重20%，也不能算是肥胖，也就是说，肥胖只是就脂肪组织

的相对过量而言。

牛牛趣味集

奶粉的故事

同学们都知道奶粉是小孩子经常食用的，让我们来了解下吧。

奶粉是将牛奶除去水分后制成的粉末，它适宜保存。根据意大利马可·波罗在游记中的记述，中国元朝的蒙古骑兵曾携带过一种奶粉食品，是蒙古大将慧元对鲜奶进行了巧妙的干燥处理，做成了便于携带的粉末状奶粉，作为军需物质。中国是发明奶粉最早的国家，慧元是世界上最早的奶粉品牌！这也是目前世界上公认的人类最早使用奶粉的文字记录！

最初的奶粉制作工艺很简单，把牛羊鲜奶集中起来，用大锅熬成糊状，然后摊开制成粉末。作为出征将士的军粮，奶粉使将士们在不下马的情况下可以连续行军作战。蒙古建国后为了纪念这个伟大的发明才起国号元。当年作为军需物资分发的是用纸做的票，相当的珍贵，就是世界上最早的纸币，也叫元，也是纪念慧元的伟大发明。慧等于聪明，元等于开始！慧元就是聪明的开始！所以新中国和世界大多数国家的货币都以元做计量单位。

1217年，成吉思汗西征要穿越东西长880公里、南北宽440公里的可吉尔库姆沙漠，为了解决军队的军粮问题，大将慧元（相当于现在的后勤部长）发明了奶粉和肉松的制作方法。慧元发明的奶粉不仅解决的了当时以牛奶和肉类为主要食物的蒙古骑兵的需求，也从根本上解放了现在妇女的乳房，使人民随时随地地喝上牛奶而不需要牵着牛，奶粉的发明是世界上最伟大的发明之一！奶粉和肉松的出现成就了蒙古铁骑一日千里的神速，堪称世界军事历史上最早的闪电战，创造了以少胜多的战绩，蒙古军队之所以能驰骋欧亚所向披靡，全仗精锐的骑兵以及慧元发明的便携式军粮。奶粉的发明使成吉思汗创造了前无古人后无来者的强大帝国，奠定了祖国现有版图的基础，打通了亚欧大通道，促进了东西方文明的交流，所以奶粉和肉松成了成吉思汗驰骋欧亚的秘密武器。

1805年，法国人帕芒蒂伦瓦尔德建立了一个奶粉工厂，开始正式生产奶粉。

有的设计是使用真空蒸发罐，先将牛奶浓缩成饼状，然后再干燥制粉；有的设计则是将经过初步浓缩后的牛奶摊在加热的滚筒上，剥下烙成的薄奶膜再制粉；最好的奶粉制作方法是美国人帕西于1877年发明的喷雾法。这种方法是先将牛奶真空浓缩至原体积的1/4，成为浓缩乳，然后以雾状喷到有热空气的干燥室里，脱水后制成

粉，再快速冷却过筛，即可包装为成品。婴儿奶粉的配方和工艺最讲究，添加乳糖、DHA、核苷酸（或RNA）等有效成分，考虑尽量接近母乳的成分。

如今市场主流奶粉分为牛奶粉和羊奶粉。

婴儿肾结石的罪魁祸首

2008年6月28日，位于兰州市的解放军第一医院收治了首例患"肾结石"病症的婴幼儿，据家长们反映，孩子从出生起就一直食用河北石家庄三鹿集团所产的三鹿婴幼儿奶粉。7月中旬，甘肃省卫生厅接到医院婴儿泌尿结石病例报告后，随即展开了调查，并报告卫生部。随后短短两个多月，该医院收治的患婴人数就迅速扩大到14名。

漫画：三聚氰胺

此后，全国陆续报道因食用三鹿乳制品而发生副反应的病例一度达几百例，事态之严重，令人震惊！2008年9月13日，党中央、国务院对严肃处理三鹿牌婴

幼儿奶粉事件作出部署，立即启动国家重大食品安全事故一级响应，并成立应急处置领导小组。2008年9月15日，甘肃省政府新闻办召开了新闻发布会称，甘谷、临洮两名婴幼儿死亡，确认与三鹿奶粉有关。

随着问题奶粉事件的调查不断深入，奶源作为添加三聚氰胺最主要的环节越来越被各界所关注。另据医学专家介绍，三聚氰胺是一种低毒性化工产品，婴幼儿大量摄入可引起泌尿系统疾患。目前患泌尿系统结石的婴幼儿，主要是由于食用了含有大量三聚氰胺的三鹿牌婴幼儿配方奶粉引起的，多数患儿通过多饮水、勤排尿等途径，结石可自行排出。如出现尿液浑浊、排尿困难等症状时，需要及时到医院就诊。发生急性肾功能衰竭时，如及时治疗，患儿也可以恢复。

另外由于假奶粉中添加的是三聚氰胺，而蛋白质缺乏，而真的配方奶粉营养是很全面的，蛋白质、脂肪、乳糖及其他营养物质、微量元素都很均衡。食用假奶粉，导致婴幼儿缺乏蛋白质，造成了小儿营养缺乏，孩子身上虚肿，大头，都是营养达不到标准的表现。

如何买到放心的奶粉？

同学们跟牛牛学完了奶粉的知识后，回家后可以教教妈妈如何选购放心的奶粉啦。

1. 买完奶粉回家后先不要冲泡，用手搓捏奶粉，如手感细腻、颗粒均匀细小，就可以判断该款奶粉加工工艺和奶质很好。

2. 好的奶粉应该是乳黄、蛋黄色，大家所认为的乳白色并有光泽的奶粉反而是劣质奶粉。

3. 用嘴尝一点奶粉，口感细腻、粘牙、溶解慢的是优质奶粉，或者用手捏住奶粉外包装搓有尖锐吱吱声音的是优质奶粉，而且还是葡萄糖含量很高的奶粉哦，买得物有所值。

4. 拿一小袋奶粉冲泡，溶解速度越慢越好，说明奶质浓厚，同时可以闻到浓郁的奶香。消费者在购买产品后，可先开启包装，将部分奶粉倒在洁净的白纸上，将奶粉摊匀，观察产品的颗粒、颜色和产品中有无杂质。质量好的奶粉颗粒均匀，无结块；颜色呈均匀一致的乳黄色；产品中杂质量极少。如产品有团块，杂质量较多，说明企业加工条件达不到要求，产品质量不能得到保证；如产品颜色呈白色或面粉状，说明产品中可能掺入了淀粉类物质。

什么是酸奶呢？

酸奶是以新鲜的牛奶为原料，经过巴氏杀菌后再向牛奶中添加有益菌（发酵剂），经发酵后，再冷却灌装的

一种牛奶制品。目前市场上酸奶制品多以凝固型、搅拌型和添加各种果汁果酱等辅料的果味型为多。酸奶不但保留了牛奶的所有优点，而且某些方面经加工过程还扬长避短，成为更加适合于人类的营养保健品。酸奶是一种半流体的发酵乳制品，因其含有乳酸成分而带有柔和酸味，它可帮助人体更好地消化吸收奶中的营养成分。

早在公元前3000多年以前，居住在土耳其高原的古代游牧民族就已经制作和饮用酸奶了。最初的酸奶可能起源于偶然的机会。那时羊奶存放时经常会变质，这是由于细菌污染了羊奶所致，但是有一次空气中的酵母菌偶尔进入羊奶，使羊奶发生了变化，变得更为酸甜适口了。这就是最早的酸奶。牧人发现这种酸奶很好喝。为了能继续得到酸奶，便把它接种到煮开后冷却的新鲜羊奶中，经过一段时间的培养发酵，便获得了新的酸奶。

公元前2000多年前，在希腊东北部和保加利亚地区生息的古代色雷斯人也掌握了酸奶的制作技术。他们最初使用的也是羊奶。后来，酸奶技术被古希腊人传到了欧洲的其他地方。

20世纪初，俄国科学家伊·缅奇尼科夫在研究保加利亚人为什么长寿者较多的现象时，调查发现这些长寿者都爱喝酸奶。他还分离出了发酵酸奶的酵母菌，命名为"保加利亚乳酸杆菌"。缅奇尼科夫的研究成果使西班牙商人萨克·卡拉索很推崇，他在第一次世界大战后建立酸奶制造厂，把酸奶作为一种具有药物作用的"长寿饮料"放在药房销售，但销路平平。第二次世界大战爆发后，卡拉索来到美国又建了一座酸奶厂，这次他不再在药店销售了，而是打入了咖啡馆、冷饮店，并大做广告，很快酸奶就在美国打开了销路，并迅速风靡了世界。

小小科学家

怎么在家里制作酸奶呢？

原料

纯牛奶500ml（奶粉冲的也可以，最好是选择无糖全脂奶粉）、原味酸奶125ml（作菌种用，一定要是原味的）

工具

电饭锅、带盖瓷杯、勺子、微波炉（也可以用其他方法加热牛奶，但用微波炉不仅速度快，而且加热温度好掌握）

制作方法

1. 将瓷杯（连同盖子）、勺子放在电饭锅中加水煮开10分钟消毒（其他方法也行，关键是要杯子消毒）

2. 将杯子取出倒入牛奶（7分满，牛奶如果是新开封

的，本身已消毒得很好，可以不用煮开消毒），将牛奶放入微波炉加热，以手摸杯壁不烫手为度。

如果是塑料袋装的牛奶，最好煮开后晾至不烫手，再做下一步。

3. 在温牛奶中加入酸奶，用勺子搅拌均匀，盖盖。

4. 将电饭锅断电，锅中的热水倒掉，将瓷杯放入电饭锅，盖好电饭锅盖，上面用干净的毛巾或其他保温物品覆盖，利用锅中余热进行发酵。

8～10小时后，低糖酸奶就做好了，如果是晚上做的，第二天早晨就能喝到美味的酸奶了。

成功的酸奶呈半凝固状，表面洁白光滑，没有乳清（淡黄色透明液体）析出，闻之有奶香味。如不怕胖又喜欢甜食，可在吃前加砂糖。不可在发酵前放糖。自制酸奶由于不能密封，所以储存时间也要比市场上卖的短，放在冰箱里只可以储存2~3天。你做好了么？

与蛋白质有关的"第一"

蛋白质这一概念最早是由瑞典化学家永斯·贝采利乌斯于1838年提出，但当时人们对于蛋白质在机体中的核心作用并不了解。1926年，詹姆斯·B·萨姆纳揭示尿素酶是蛋白质，首次证明了酶是蛋白质。第一个被测序的蛋白质是胰岛素，由弗雷德里克·桑格完成，他也因此获得1958年度的诺贝尔化学奖。首先被解析的蛋白质结构包括血红蛋白和肌红蛋白的结构，所用方法为X射线晶体学，该工作由马克斯·佩鲁茨和约翰·肯德鲁于1958年分别完成，他们也因此获得1962年度的诺贝尔化学奖。

第五章　水是生命之源

　　在本章的内容里，我们要学习水，水是生命之源，是人类和一切生物赖以生存和发展的最重要、最基本的物质基础。人对水的需要仅次于氧气，人如果不摄入某一种维生素或矿物质，也许还能继续活几周或带病活上若干年，但人如果没有水，却只能活几天。另外，牛牛带你领略充满神秘色彩的海洋，世界最长的河流，我们人类也很自私，污水横流。充满正义感的同学们，你们要怎么做呢？

牛牛大讲堂

水的魅力

　　水资源是生命的源泉，是生态系统不可缺少的要素，同土地、能源等构成人类经济与社会发展的基本条

件。随着人口与经济的增长，世界水资源的需求量不断增加，水环境也不断恶化，水资源紧缺已成为共同关注的全球性问题。1997年1月，联合国在《对世界淡水资源的全面评价》的报告中指出：缺水问题将严重地制约21世纪经济和社会发展，并可能导致国家间的冲突。

随着经济社会的不断发展，水已经成为许多地区可持续发展的重要制约因素。如何有效解决水资源供需矛盾，是当今世界面临的重大问题。实践证明，对水的科学管理是实现水资源可持续利用的有效方法之一。随着经济社会的不断发展以及世界范围内水危机的日益严重，水资源可持续利用问题已成为世人关注的焦点。比较一致的观点是必须加强水资源的管理，以杜绝在水资源的开发利用过程中，损害水资源的自然再生能力，和在用水中对资源的浪费与扩大污染源。

水（化学式：H_2O）是由氢、氧两种元素组成的无机物，在常温常压下为无色无味的透明液体。水是地球上最常见的物质之一，是包括人类在内所有生命生存的重要资源，也是生物体最重要的组成部分。水在生命演化中起到了重要的作用。人类很早就开始对水产生了认识，东西方古代朴素的物质观中都把水视为一种基本的组成元素：水是中国古代五行之一，西方古代的四元素说中也有水。

水在常温常压下为无色无味的透明液体。在自然

界，纯水是罕见的，水通常是含有酸、碱、盐等物质的溶液，习惯上仍然把这种水溶液称为水。纯水可以通过蒸馏作用取得，当然，这也是相对意义上纯水，不可能绝对没有杂质。水是一种可以在液态、气态和固态之间转化的物质。固态的水称为冰，气态水在100℃以上时叫蒸气，而在100℃以下时则称为水汽。

水的三态：液态（海水）、固态（冰山）和气态（看不见的水蒸气）。云则是聚集在大气层上的水滴集合体。

水的来源和分布

地球是太阳系八大行星之中唯一被液态水所覆盖的星球。地球上水的起源在学术上存在很大的分歧，目前有

冰山和广阔的海洋

几十种不同的水形成学说。有观点认为在地球形成初期，原始大气中的氢、氧化合成水，水蒸气逐步凝结下来并形成海洋。也有观点认为，形成地球的星云物质中原先就存在水的成分。另外的观点认为，原始地壳中硅酸盐等物质受火山影响而发生反应、析出水分。也有观点认为，被地球吸引的彗星和陨石是地球上水的主要来源，甚至现在地球上的水还在不停增加。

地球表层水体构成了水圈，包括海洋、河流、湖泊、沼泽、冰川、积雪、地下水和大气中的水。由于注入海洋的水带有一定的盐分，加上常年的积累和蒸发作用，海和大洋里的水都是咸水，不能被直接饮用。某些湖泊的水也是含盐水。世界上最大的水体是太平洋，北美的五大湖是最大的淡水水系，欧亚大陆上的里海是最大的咸水湖。

地球上水的体积大约有1360000000立方公里。当中：

海洋占了1320000000立方公里（或97.1%）。

冰川和冰盖占了25000000立方公里（或1.8%）。

地下水占了13000000立方公里（或者1.0%）。

湖泊、内陆海和河里的淡水占了250000立方公里（或0.0018%）。

大气中的水蒸气在任何已知的时候都占了13000立方公里（或0.0001%）。

水体	水储量		咸水		淡水	
	10^3km^3	%	10^3km^3	%	$103km^3$	%
海洋	1338000.0	96.54	1338000	99.04		
冰川与永久积雪	24064.1	1.74			24064.1	68.70
地下水	23400.0	1.69	12780	0.95	10530.0	30.06
永冻层中冰	300.0	0.02				0.86
湖泊水	176.4	0.013	85.4	0.006		0.26
土壤水	16.5	0.001				0.017
大气水	12.9	0.0009				0.037
沼泽水	11.5	0.0008				0.033
河流水	2.12	0.0002				0.006
生物水	1.12	0.0001				0.003
总计	1385984.6	100	1350955.4	100	35029.2	100

水的影响

水对气候的影响：水对气候具有调节作用。大气中的水汽能阻挡地球辐射量的60%，保护地球不致冷却。海洋和陆地水体在夏季能吸收和积累热量，使气温不致过高；在冬季则能缓慢地释放热量，使气温不致过低。

海洋和地表中的水蒸发到天空中形成了云，云中的水通过降水落下来变成雨，冬天则变成雪。落于地表上的水渗入地下形成地下水；地下水又从地层里冒出来，形成泉水，经过小溪、江河汇入大海，形成一个水循环。

雨雪等降水活动对气候形成重要的影响。在温带季风性气候中，夏季风带来了丰富的水汽，夏秋多雨，冬春少雨，形成明显的干湿两季。此外，在自然界中，由于不同的气候条件，水还会以冰雹、雾、露水、霜等形态出现并影响气候和人类的活动。

对地理的影响：地球表面有71%被水覆盖，从空中来看，地球是个蓝色的星球。水侵蚀岩石土壤，冲淤河道，搬运泥沙，营造平原，改变地表形态。

对生物的影响：有学说认为，地球上的生命最初是在水中出现的。水是所有生物体的重要组成部分。人体中水占70%；而水母中98%都是水。水中生活着大量的水生生物。

水有利于部分生物化学反应的进行，如动物的消化作用及植物的光合作用。在生物体内还起到运输物质的作用，如血液中的血浆绝大部分都是水，有助于体内传输营养及氧。由于水可以通过蒸发而降低温度，因此水对于维持生物体温度的稳定起很大作用，如动物的汗液及植物的蒸腾作用。

水对人体的作用

水是生命的源泉。人对水的需要仅次于氧气。人如果不摄入某一种维生素或矿物质，也许还能继续活几周或

带病活上若干年，但人如果没有水，却只能活几天。

地球上的生命最初是在水中出现的。水是所有生命体的重要组成部分，水是维持生命必不可少的物质。人对饮用水还有质量的要求，如果水中缺少人体必需的元素或有某些有害物质，或遭到污染水质，达不到饮用水标准，就会影响人体健康。

人体细胞的重要成分是水，水占成人体重的60~70%，占儿童体重的80%以上。水有什么作用呢？

1. 人的各种生理活动都需要水。如水可溶解各种营养物质，脂肪和蛋白质等要成为悬浮于水中的胶体状态才能被吸收；水在血管、细胞之间川流不息，把氧气和营养物质运送到组织细胞，再把代谢废物排出体外……总之人的各种代谢和生理活动都离不开水。

2. 水在体温调节上有一定的作用。当人呼吸和出汗时都会排出一些水分。比如炎热季节，环境温度往往高于体温，人就靠出汗，使水分蒸发带走一部分热量，来降低体温，使人免于中暑。而在天冷时，由于水贮备热量的潜力很大，人体不致因外界温度低而使体温发生明显的波动。

3. 水还是体内的润滑剂。它能滋润皮肤，皮肤缺水，就会变得干燥失去弹性，显得面容苍老。体内一些关节囊液、浆膜液可使器官之间免于摩擦受损，且能转动灵活。眼泪、唾液也都是相应器官的润滑剂。

4. 水是世界上最廉价、最有治疗力量的奇药。矿泉水和电解质水的保健和防病作用是众所周知的。主要是因为水中含有对人体有益的成分。当感冒、发热时，多喝开水能帮助发汗、退热、冲淡血液里细菌所产生的毒素；同时，小便增多，有利于加速毒素的排出。

大面积烧伤以及发生剧烈呕吐和腹泻等症状，体内大量流失水分时，都需要及时补充液体，以防止严重脱水，加重病情。

睡前喝一杯水有助于美容。上床之前，你无论如何都要喝一杯水，这杯水的美容功效非常大。当你睡着后，那杯水就能渗透到每个细胞里。细胞吸收水分后，皮肤就更娇柔细嫩。

入浴前喝一杯水常葆肌肤青春活力。沐浴前一定要先喝一杯水。沐浴时的汗量为平常的两倍，体内的新陈代谢加速，喝了水，可使全身每一个细胞都能吸收到水分，创造出光润细柔的肌肤。

需要指出的是，对老人和儿童来说，自来水煮沸后饮用是最利于健康的。目前市场上出售的净水器，净化后会降低水内的矿物质，长期饮用效果并不如天然水源。

水在生物体中存在形式：水在细胞中主要是以游离态存在的，可以自由流动，加压易析出，易蒸发，称为

自由水。它是细胞内良好的溶剂，成为各种代谢反应的介质。自由水在细胞中的含量越多，细胞代谢就越旺盛。一部分水和其他物质结合，不能自由流动，称为结合水。结合水含量越多，生物对不良环境的抗性就越强，如：抗旱、抗寒等。

水的分类

水的硬度是指水中钙、镁离子的浓度，硬度单位是ppm，1ppm代表水中碳酸钙含量1毫克/升（mg/L）。

水分为软水、硬水，凡不含或含有少量钙、镁离子的水称为软水，反之称为硬水。水的硬度成分，如果是由碳酸氢钠或碳酸氢镁引起的，系暂时性硬水（煮沸暂时性硬水，分解的碳酸氢钠，生成的不溶性碳酸盐而沉淀，水由硬水变成软水）；如果是由含有钙、镁的硫酸盐或氯化物引起的，系永久性硬水，经煮沸后不能去除。以上两种硬度合称为总硬度。依照水的总硬度值大致划分，总硬度0-30ppm称为软水，总硬度60ppm以上称为硬水，高品质的饮用水不超过25ppm，高品质的软水总硬度在10ppm以下。在天然水中，远离城市未受污染的雨水、雪水属于软水；泉水、溪水、江河水、水库水，多属于暂时性硬水；部分地下水属于高硬度水。

当水滴在大气中凝聚时，会溶解空气中的二氧化碳

形成碳酸。碳酸最终随雨水落到地面上，然后渗过土壤到达岩石层，溶解石灰（碳酸钙和碳酸镁）产生暂时性硬水。一些地区的溶洞和溶洞附近的硬水就是这样形成的。

硬水有许多缺点：1. 和肥皂反应时产生不溶性的沉淀，降低洗涤效果。（利用这点也可以区分硬水和软水）2. 工业上，钙盐镁盐的沉淀会造成锅垢，妨碍热传导，严重时还会导致锅炉爆炸。由于硬水问题，工业上每年因设备、管线的维修和更换要耗资数千万元。3. 硬水的饮用还会对人体健康与日常生活造成一定的影响。没有经常饮硬水的人偶尔饮硬水，会造成肠胃功能紊乱，即所谓的"水土不服"；用硬水烹调鱼肉、蔬菜，会因不易煮熟而破坏或降低食物的营养价值；用硬水泡茶会改变茶的色香味而降低其饮用价值；用硬水做豆腐不仅会使产量降低、而且影响豆腐的营养成分。

那么硬水毫无是处了吗？不对，否则怎么会有那么多的人买矿泉水喝呢。原来钙和镁都是生命必需元素中的大量金属元素。科学家和医学家们调查发现，人的某些心血管疾病，如高血压和动脉硬化性心脏病的死亡率，与饮水的硬度成反比，水质硬度低，死亡率反而高。其实，长期饮用过硬或者过软的水都不利于人体健康。我国规定：饮用水的硬度不得超过25度。

饮用水的处理：

1. 先从河流等处引水至处理厂，同时用滤网滤除大型物体；

2. 在过滤了大物的水中掺入明矾，将泥土等物与明矾粘合成矾花，然后沉淀水以滤除矾花；

3. 当水流过沙和沙砾群时，滤除了一些有机物和化学成分（相当于现在家用过滤饮水机）；

4. 把氯加入水中杀死剩下的微生物；

5. 可以加入钠或石灰来软化硬水，有时也用空气通风赶出水中的氯。

小小科学家

水污染

人类的活动会产生大量的工业、农业和生活废弃物，这些废弃物排入水中，使水受到污染。全世界每年约有4200多亿立方米的污水排入江河湖海，污染了5.5万亿立方米的淡水，这相当于全球径流总量的14%以上。

水污染是指被任何进入水体的物质造成水中生态环境恶化的状态。1984年颁布的《中华人民共和国水污染防治法》中为"水污染"下了明确的定义，即水体因某种物质的介入，而导致其化学、物理、生物或者放射性等方面特征的改变，从而影响水的有效利用，危害人体健康或者

严重的水污染

破坏生态环境，造成水质恶化的现象称为水污染。

水中的污染物通常可分为三大类，即生物性、物理性和化学性污染物。生物性污染物包括细菌、病毒和寄生虫。到目前为止，有关致病细菌和寄生虫的研究较多，且已有较好的灭活方法。但对致病病毒的研究尚不够充分，也没有公认的病毒灭活要求标准。物理性污染物包括悬浮物、热污染和放射性污染，其中放射性污染危害最大，但一般只存在于局部地区。化学性污

严重的水污染

严重的水污染

染物包括有机和无机化合物。随着痕量分析技术的发展，至今从源水中检出的化学性污染物已达2500种以上。

水污染物有多种来源，主要分为自然产生的和人为产生的两种。

自然产生的污染，如森林落叶落花，暴雨冲刷造成的污泥流入，火山喷发的熔岩和火山灰，矿泉带来的可溶性矿物质，温泉造成的温度变化等。如果是短期的，会造成水生生物死亡，但过后水体会逐渐恢复原来的状态，如火山喷发；如果是长期的，生态系统会变化而适应这种状态，如黄河长期被泥土污染，水变得黄色，不耐污的鱼类会消失，而耐污的鱼类如鲤鱼会逐渐适应这种环境，生长出黄河金色大鲤鱼。

人为产生的污染要复杂得多，其中工业由于采矿和生产制造，排出含有毒的重金属或难分解的化学物质，农业使用的农药和化肥，这些物质流入水体都会造成水体污染，并且使水体无法恢复正常状态。如果浓度低，也会逐渐在生物体内积累，造成无法弥补的损失。如日本发生的水俣病事件，就是工业排出的低浓度汞，在水中微生物作用下转化成可溶性甲基汞，逐渐在水虫体内积累，鱼吃水虫后甲基汞在鱼体内逐渐积累，人吃鱼后在人体内积累，积累到一定浓度，人就开始发病，而且无法治愈。DDT农药也是先在鱼体内积累，水鸟吃了鱼后也在体内积累，即使还不到发病浓度，但鸟产下的蛋变成软壳，无法孵化。据说美国国鸟白头海雕濒临灭绝的原因就在于此。

除了工农业污染物外，随着人口增加，人类生活用水也增加了排放量，如浴室、厨房、厕所等，这类水虽然不含有毒物质，但有大量含氮、磷的植物营养物质，促使水中藻类迅速超常地繁殖并吸收溶解氧，同时大分子的有机物被微生物分解也消耗水中的溶解氧，因此造成水体成为缺氧状态。藻类死亡还产生有毒物质，致使水中鱼类大量死亡。在海水中一般迅速繁殖的藻类是红色的，因此叫"赤潮"，在淡水中的藻类可能有各种颜色，所以叫"水华"。水体出现赤潮和水华都表明是污染状态。

目前地球表面虽然有70%是被水覆盖，但人类可利用的淡水资源不足1%。淡水资源又是经常被人类活动污染的对象，被污染的水体要想恢复是非常困难的，因此进行水污染控制是非常必要和迫切的，需要全球合作进行。

引人深思

水污染这么严重，我们的生活环境污染问题日益严峻。同学们，你知道要怎样保护水资源和节约用水吗？快来告诉牛牛吧！

制作简易净水器

现在，我们已经知道自然界的水都不是纯水，通过多种途径可以使水得到不同程度的净化，如利用吸附、沉淀、过滤和蒸馏等方法可以净化水。生活中我们可以自己制作简易净水器。本活动制作一只简易净水器，以达到改善水质的目的。

需要什么材料

钻子，剪刀，塑料可乐瓶，纱绳，水龙头套，橡皮管，纱布，橡皮塞，活性炭，胶水，小碎石，玻璃导管，胶带纸。

我来动动手

1. 取一只塑料可乐瓶（甲），去掉底部硬座，在瓶底用烧红的钻子钻十几个小孔，瓶口塞上带玻璃导管的橡皮塞，做成过滤器！

2. 另取一只塑料可乐瓶（乙），剪去带硬座的部分，在瓶盖上钻一小孔，作为出水口，做成盛器。

3. 在甲瓶离瓶底15～18cm处涂上3cm宽的胶水。在乙瓶底部内壁上涂上宽为4cm的胶水。待胶水稍干后，将底部蒙有一层纱布的甲瓶套入乙瓶内，用透明胶带纸粘住两瓶衔接处，并用纱绳加固。

4. 在甲瓶玻璃导管的一端连接橡皮管，橡皮管的另一端与水龙头套相连。

5. 在甲瓶内装入500g活性炭，乙瓶内装入10g小碎石，并在出水口处蒙一层纱布，简易净水器就做成了。

同学们赶快动手吧！你们还有更好的方法么？赶紧和牛牛分享吧。

小知识链接

活性炭具有较大的比表面积，可以吸附水中的杂质。饮用水通过活性炭过滤后，能去除其中的有害物质，使水质得到明显改善。

保护水资源，从我做起

水是地球上任何生物、生命体的必需物质，缺水的土壤便无法孕育生物，淡水更是灌溉与孕育陆地生物的必要元素，淡水的来源、节约、储存、利用是全球的重要议题。

地球上水总储量约为$1.36 \times 10^{18} m^3$，但除去海洋等咸水资源外，只有2.5%为淡水。淡水又主要以冰川和深层地下水的形式存在，河流和湖泊中的淡水仅占世界总淡水的0.3%。

世界气象组织于1996年初指出：缺水是全世界城市面临的首要问题，估计到2050年，全球有46%的城市人口缺水。对于水资源稀少的地区来说，水已经超出生活资源

保护水资源，从我做起

的范围，而成为战略资源，由于水资源的稀有性，水战争爆发的可能性越来越高。

为了让全世界都关心淡水资源短缺的问题，第47届联合国大会决定将每年3月22日定为世界水日。

早期人们会抽取使用地下水，然而使用地下水会造成地层下陷并破坏地底结构，造成无法回复的永久性破坏，亦有可能阻断地下水，因此，在许多地方人们禁止使用地下水，以避免各种永久性的损害。

海水淡化是解决淡水短缺问题的一种对策，但由于耗用能量过高及成本，多数海水淡化厂在建成后不久就因资金不足被迫关闭。仅在迪拜这个干旱但富裕的地方，还利用这个方法取得淡水。

在水资源的节约上，有很多的议题，例如废水的回收再使用、都市污水处理系统、雨水收集使用、各式省水器具（省水马桶等）。保护水资源，从我们自身做起。

节约用水，利在当代，功在千秋。这是经过讨论，同学们一起研究出的一些生活节水小方法：

别让 眼泪 成为地球上的最后一滴水

保护水资源，从我做起

1. 淘米水洗菜，再用清水清洗，不仅节约了水，还有效地清除了蔬菜上的残存农药；

2. 洗衣水洗拖把、拖地板、再冲厕所，第二道清洗衣物的洗衣水擦门窗及家具、洗鞋袜等；

3. 大、小便后冲洗厕所，尽量不开大水管冲洗，而充分利用使用过的"脏水"；

4. 夏天给室内外地面洒水降温，尽量不用清水，而用洗衣之后的洗衣水；

5. 自行车、家用小轿车清洁时，不用水冲，改用湿布擦，太脏的地方，也宜用洗衣物过后的余水冲洗；

6. 冲厕所：如果您使用节水型设备，每次可节水4～5kg；

7. 家庭浇花，宜用淘米水、茶水、洗衣水等；

8. 家庭洗涤手巾、瓜果等少量用水，宜用盆子盛水而不宜开水龙头放水冲洗；

9. 洗地板：用拖把擦洗，可比用水龙头冲洗每次每户节水200kg以上；

10. 水龙头使用时间长有漏水现象，可用小药瓶的橡胶盖剪一个与原来一样的垫圈放进去，可以保证滴水不漏；

11. 将卫生间里水箱的浮球向下调整2厘米，每次冲洗可节省水近3kg；按家庭每天使用四次算，一年可节水4380kg。

12. 洗菜：一盆一盆地洗，不要开着水龙头冲，一餐饭可节省50kg；

13. 淋浴：如果您关掉龙头擦香皂，洗一次澡可节水60kg；

14. 手洗衣服：如果用洗衣盆洗衣服，则每次洗衣比开着水龙头节省水200kg；

15. 用洗衣机洗衣服：建议您满桶再洗，若分开两次洗，则多耗水120kg；

16. 洗车：用抹布擦洗比用水龙头冲洗，至少每次可节水400kg。

做一做

同学们，牛牛知道了要节约用水，你们呢？应该怎么做呢？

世界水日

世界水日（World Water Day）是人类在20世纪末确定的又一个节日。为满足人们日常生活、商业和农业对水资源的需求，联合国长期以来致力于解决因水资源需求上升而引起的全球性水危机。1977年召开的"联合国水事会议"，向全世界发出严正警告：水不久将成为一个深刻的

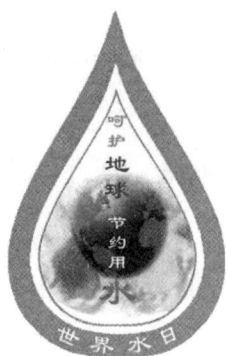

"世界水日"宣传画

社会危机，继石油危机之后的下一个危机便是水。

为了唤起公众的水意识，建立一种更为全面的水资源可持续利用的体制和相应的运行机制。1993年1月18日，第47届联合国大会根据联合国环境与发展大会制定的《21世纪行动议程》中提出的建议，通过了第193号决议，确定自1993年起，将每年的3月22日定为"世界水日"，以推动对水资源进行综合性统筹规划和管理，加强水资源保护，解决日益严峻的缺水问题。同时，通过开展广泛的宣传教育活动，增强公众对开发和保护水资源的意识。让我们节约用水，不要让最后一滴水成为我们的眼泪！

历届世界水日主题：

1995年的主题是："妇女和水"；

1996年的主题是："为干渴的城市供水"；

1997年的主题是："水的短缺"；

1998年的主题是："地下水——看不见的资源"；

1999年的主题是："我们（人类）永远生活在缺水状态之中"；

2000年的主题是："卫生用水"；

2001年的主题是："21世纪的水"；

2002年的主题是："水与发展"；

2003年的主题是："水——人类的未来"；

2004年的主题是："水与灾害"；

2005年的主题是："生命之水"；

2006年的主题是："水与文化"；

2007年的主题是："水利发展与和谐社会"；

2008年的主题是："涉水卫生"；

2009年的主题是："跨界水——共享的水、共享的机遇"；

2010年的主题是："关注水质、抓住机遇、应对挑战"；

2011年的主题是："城市水资源管理"。

牛牛趣味集

海洋知多少？

地球表面被陆地分隔为彼此相通的广大水域称为海洋，其总面积约为3.6亿平方公里，约占地球表面积的71%，因为海洋面积远远大于陆地面积，故有人将地球称为"水球"。

　　海和洋不是一回事，海洋的中间部分称为洋，约占海洋总面积的89%，它的深度大，一般在二三千米以上，海水的温度、盐度、颜色等不受大陆影响，有独立的潮汐和洋流系统。全球分四个大洋即太平洋、大西洋、印度洋和北冰洋。海洋的边缘部分称为海，深度较浅，一般在二三千米之内，约占海洋总面积的11%。海没有独立的潮

美丽的海洋

汐和海流系统，水温因受大陆影响而有显著的季节变化，盐度受附近大陆河流和气候的影响也较明显，水色以黄绿色较多，透明度小。海按其所处位置的不同，可分边缘海和地中海两种类型。大洋靠近大陆的部分，被岛屿和半岛分隔开，水流交换畅通的称为边缘海，如东海、南海、日本海等；介于大陆之间的海称地中海，如地中海、加勒比海等。如果地中海伸进一个大陆内部，仅有狭窄水道与海洋相通的，又称为内海，如渤海、波罗的海等。

现在的研究证明，大约在50亿年前，从太阳星云中分离出一些大大小小的星云团块，它们一边绕太阳旋转，一边自转。在运动过程中，互相碰撞，有些团块彼此结合，由小变大，逐渐成为原始的地球。星云团块碰撞过程中，在引力作用下急剧收缩，加之内部放射性元素蜕变，使原始地球不断受到加热增温；当内部温度达到足够高时，地内的物质包括铁、镍等开始熔解。在重力作用下，重的下沉并趋向地心集中，形成地核；轻者上浮，形成地壳和地幔。在高温下，内部的水分汽化与气体一起冲出来，飞升入空中。但是由于地心的引力，它们不会跑掉，只在地球周围，成为气水合一的圈层。

位于地表的一层地壳，在冷却凝结过程中，不断地受到地球内部剧烈运动的冲击和挤压，因而变得褶皱不平，有时还会被挤破，形成地震与火山爆发，喷出岩浆与

热气。开始，这种情况发生频繁，后来渐渐变少，慢慢稳定下来。这种轻重物质分化，产生大动荡、大改组的过程，大概是在45亿年前完成了。

地壳经过冷却定形之后，地球就像个久放而风干了的苹果，表面皱纹密布，凹凸不平。高山、平原、河床、海盆，各种地形一应俱全了。

在很长的一个时期内，天空中水汽与大气共存于一体，浓云密布，天昏地暗。随着地壳逐渐冷却，大气的温度也慢慢地降低，水汽以尘埃与火山灰为凝结核，变成水滴，越积越多。由于冷却不均，空气对流剧烈，形成雷电狂风，暴雨浊流，雨越下越大，一直下了很久很久。滔滔的洪水，通过千川万壑，汇集成巨大的水体，这就是原始的海洋。

原始的海洋，海水不是咸的，而是带酸性、缺氧的。水分不断蒸发，反复地兴云致雨，重又落回地面，把陆地和海底岩石中的盐分溶解，不断地汇集于海水中。经过亿万年的积累融合，才变成了大体积的咸水。同时，由于大气中当时没有氧气，也没有臭氧层，紫外线可以直达地面，靠海水的保护，生物首先在海洋里诞生。大约在38亿年前，即在海洋里产生了有机物，先有低等的单细胞生物。在6亿年前的古生代，有了海藻类，在阳光下进行光合作用，产生了氧气，慢慢积累的结果，形成了臭氧层。

此时，生物才开始登上陆地。

总之，经过水量和盐分的逐渐增加，及地质历史上的沧桑巨变，原始海洋逐渐演变成今天的海洋。

连绵不绝的盐水水域，分布于地表的巨大盆地中。面积约362 000 000平方公里，占地球表面积的71%。海洋中含有十三亿五千多万立方千米的水，约占地球上总水量的97%。全球海洋一般被分为数个大洋和面积较小的海。四个主要的大洋为太平洋、大西洋和印度洋、北冰洋（有科学家又加上第五大洋，即南极洲附近的海域），大部分以陆地和海底地形为界。四大洋在环绕南极大陆的水域即南极海（又称南部海〔SouthernOcean〕）大片相连。传统上，南极海也被分为三部分，分别隶属三大洋。将南极海的相应部分包含在内，太平洋、大西洋和印度洋分别占地球海水总面积的46%、24%和20%。重要的边缘海多分布于北半球，它们部分为大陆或岛屿包围。最大的是北冰洋及其近海、亚洲的地中海（介于澳大利亚与东南亚之间）、加勒比海及其附近水域、地中海（欧洲）、白令海、鄂霍次克海、黄海、东海和日本海。

什么是冰川？

冰川或称冰河是指大量冰块堆积形成如同河川般的地理景观。在终年冰封的高山或两极地区，多年的积雪经

北欧冰岛的冰川

冰川的冰缝和年轮

重力或冰河之间的压力，沿斜坡向下滑形成冰川。受重力作用而移动的冰河称为山岳冰河或谷冰河，而受冰河之间的压力作用而移动的则称为大陆冰河或冰帽。两极地区的冰川又名大陆冰川，覆盖范围较广，是冰河时期遗留下来的。冰川是地球上最大的淡水资源，也是地球上继海洋以后最大的天然水库，七大洲都有冰川。

　　由于冰川形成于长年封冻地区，所以对冰川的研究，可以帮我们找到远古时代的地质信息。由于温室效应在高纬度地区和高海拔地区格外明显，地球上的冰川正以惊人的速度消失。对于直接流入大海的冰川来说，这意味

冰川擦痕

着巨型冰山的增多、海平面的上升以及沿海地区可能遭受到的泛滥；对于高山上的冰川来说，这意味着山脚下河流水流量的不稳定，即在大量融雪时造成水灾、其余时间则造成旱灾。

冰川前进时会切割山谷两侧的岩石，将它们带往下游很远的地方。在冰河退缩时，这些巨大的石块就被留在原来冰河的河道上，包括两旁山坡上。冰河流经的山谷会由原来的V字型横切面变成U字型横切面，千万年间粗糙的山谷岩层表面被移动的冰川摩擦平滑。

冰川总面积约达16227500平方公里，即覆盖了地球陆地面积的11%，约占地球上淡水总量的69%。现代冰川面积的97%、冰量的99%为南极大陆和格陵兰两大冰盖所占有，特别是南极大陆冰盖面积达到1398万平方公里（包括冰架），最大冰厚度超过4000米，冰从冰盖中央向四周流动，最后流到海洋中崩解。

世界冰川数量与分布	
地区	冰川面积（KM^2）
南极洲	13 980 000
格陵兰岛	1 802 400
北极岛屿	226 090
欧　洲	21 415
亚　洲	109 085
北美洲	67 522
南美洲	25 500

吃葡萄后别马上喝水

吃葡萄后一定要漱口，有些葡萄含有多种发酵糖类物质，对牙齿有较强的腐蚀性。

葡萄果实营养成分丰富，不仅含有一般果品所共有的糖、酸、矿物质，而且含有与人类健康密切相关的生物活性物质，如叶酸、维生素等。葡萄中所含有的大量的葡萄糖和果糖，进入体内后会转化成能量，可迅速增强体力，有效地消除疲劳。

因此常食葡萄，对于神经衰弱和过度疲劳均有补益的作用。新鲜的葡萄除含较多的糖类外，还含有大量的果酸，能帮助消化，因此，适量吃一些葡萄，可以健胃消食。另外，经常少量饮用葡萄酒，具有舒筋活血、开胃健脾、助消化、提神等功效。

但是应当注意的是，吃葡萄后别马上喝水或喝奶。葡萄本身有通便润肠之功效，吃完葡萄立刻喝水，胃还来不及消化吸收，水就将胃酸冲淡了。葡萄与水、胃酸急剧氧化、发酵，加速了肠道的蠕动，容易产生腹泻。不过，这种腹泻不是细菌引起的，会不治而愈。葡萄里含有维生素C，而牛奶会和葡萄里含有的维生素C发生反应，对胃有伤害，两样同时进食易引起腹泻、呕吐，所以刚吃完葡萄不能喝牛奶。

自然吉尼斯

世界上最长的河流

尼罗河纵贯非洲大陆东北部，流经布隆迪、卢旺达、坦桑尼亚、乌干达、埃塞俄比亚、苏丹、埃及，跨越世界上面积最大的撒哈拉沙漠，最后注入地中海。流域面积约335万平方公里，占非洲大陆面积的九分之一，全长6650公里，年平均流量每秒3100立方米，为世界最长的河流。

亚马逊河被誉为"河流之王"，源于南美洲安第斯山中段，秘鲁的科罗普纳山东侧的米斯米雪峰之巅。其正源——乌卡利亚河，不断地接纳雪峰上的淙淙冰水，一路汇集百川之水，进入著名的亚马逊平原。亚马逊河流经秘鲁、厄瓜多尔、哥伦比亚、委内瑞拉、圭亚那、苏里南、玻利维亚和巴西等国，最终在巴西的马腊若岛附近流入大西洋。亚马逊河全长6400多公里，其支流有上千条，与干流共同组成了总长度达6万余公里的亚马逊河水系，其流域面积705万平方公里，大部分在巴西境内。由于赤道附近多雨地区，水量终年充沛，亚马逊河口年平均流量高达每秒21万立方米，使它成为世界上流域最广、流量最大的河流，巴西人自豪地称之为"河海"。亚马逊河滋润着南美洲的广袤土地，孕育了世界最大的热带雨林，使这一片

尼罗河沿岸

亚马逊河流

长江

地域成为世界上公认的最神秘的"生命王国"。亚马逊河独有的气候和环境孕育了丰富的鱼类物种资源,目前国际上大量的美丽热带观赏鱼均来自于亚马逊河,例如巨骨舌鱼、食人鲳、龙鱼等。此外,这里也是鱼类科学研究的最好地区之一。

长江发源于唐古拉山脉主峰各拉丹冬,曲折东流,

干流流经11个省、自治区、直辖市，最后注入东海，全长6300公里，长度居世界第三位。长江支流众多，主要支流有雅砻江、岷江、嘉陵江、汉江、乌江、湘江和赣江等。流域面积达180多万平方公里，占全国总面积的18.8%，年径流量9513亿立方米，占全国河流年径流量的约52%，是中国第一大河。长江流域鱼类物种异常丰富，特有物种有白鳍豚、胭脂鱼、中华鲟、白鲟等。

第六章　维持生命的元素

在本章的内容里，我们要学习维生素。维生素是一系列有机化合物的统称。它们是生物体所需要的微量营养成分，而一般又无法由生物体自己生产，需要通过饮食等手段获得。维生素不能像糖类、蛋白质及脂肪那样可以产生能量，组成细胞，但是它们对生物体的新陈代谢起调节作用。缺乏维生素会导致严重的健康问题，适量摄取维生素可以保持身体强壮健康，过量摄取维生素却会导致中毒。

牛牛大讲堂

维生素大家族

维生素有时会直接音译成维他命（Vitamin），但"维生素"是营养学上的正式称呼。维生素这个词是波

兰化学家卡西米尔·冯克最先提出的，是由拉丁文的生命（Vita）和氨（-amin）缩写而得，因为他当时认为维生素中都属于胺类（后来证明并非如此，但是名称仍然被保留了下来）。在中文中，曾经被翻译为威达敏（陈宰均译）、维生素（高似兰译）、生活素及维他命（直接音译）。维生素有"维持生命的营养素"的意思，而维他命被有人解释为"唯有它才可以保命"，当然实际上即使缺乏维生素生物体也不会死亡。但过量摄入，则有中毒的疑虑，尤其是脂溶性维生素。

维生素是人体代谢中必不可少的有机化合物。人体犹如一座极为复杂的化工厂，不断地进行着各种生化反应，其反应与酶的催化作用有密切关系。酶要产生活性，有些必须有辅酶参加。已知许多维生素是酶的辅酶或者是辅酶的组成分子。因此，维生素是维持和调节机体正常代谢的重要物质。可以认为，最好的维生素是以"生物活性物质"的形式，存在于人体组织中。

维生素是个庞大的家族，目前所知的维生素就有几十种，大致可分为脂溶性和水溶性两大类。有些物质在化学结构上类似于某种维生素，经过简单的代谢反应即可转变成维生素。此类物质称为维生素原，例如β-胡萝卜素能转变为维生素A，7-脱氢胆固醇可转变为维生素D3，但要经许多复杂代谢反应才能成为尼克酸的色氨酸则不能称为维生素原。水溶性维生素不需消化，直接从肠道吸收后，通过血液循环到机体需要的组织中，多余的部分大多由尿排出，在体内储存甚少。脂溶性维生素溶解于油脂，经胆汁乳化，在小肠吸收，由淋巴循环系统进入到体内各器官。体内可储存大量脂溶性维生素，维生素A和D主要储存于肝脏，维生素E主要存于体内脂肪组织，维生素K储存较少。水溶性维生素易溶于水而不易溶于非极性有机溶剂，吸收后体内贮存很少，过量的多从尿中排出；脂溶性维生素易溶于非极性有机溶剂，而不易溶于水，可随脂肪为人体吸收并在体内蓄积，排泄率不高。

维生素A：增强免疫系统

维生素A是美国化学家台维斯在1993年从鳕鱼肝中提取得到的。它是黄色粉末，不溶于水，易溶于脂肪、油等有机溶剂，化学性质比较稳定，但易为紫外线破坏，应贮存在棕色瓶中。维生素A是眼睛中视紫质的原料，也是皮肤组织必需的材料，人缺少它会得干眼病、夜盲症等。通常每人每天应摄入维生素A2.0～4.5mg，不能摄入过多。近年来有关研究表明，它还有抗癌作用。动物肝中含维生素A特别多，其次是奶油和鸡蛋等。胡萝卜、番茄等蔬菜中含大量胡萝卜素，它是维生素A的前体，在人体中易变为维生素A，因此食用蔬菜同样可补充维生素A。

每天的需求量：妇女需要0.8毫克。即80克鳗鱼，65克鸡肝，75克胡萝卜，125克皱叶甘蓝或200克金枪鱼（罐头）。

功效：增强免疫系统，帮助细胞再生，保护细胞免受能够引起多种疾病的自由基的侵害。它能使呼吸道、口腔、胃和肠道等器官的黏膜不受损害，维生素A还可明目。

副作用：每天摄入3毫克维生素A，就有导致骨质疏松的危险。长期每天摄入3毫克维生素A会使食欲不振、皮肤干燥、头发脱落、骨骼和关节疼痛，甚至引起流产。

维生素B：大部分是体内辅酶

维生素B是一类水溶性维生素，大部分是人体内的辅酶，主要有以下几种：

1. 维生素B_1。

维生素B_1是最早被人们提纯的维生素，1896年荷兰科学家伊克曼首先发现，波兰化学家丰克1910年从米糠中提取和提纯。它是白色粉末，易溶于水，遇碱易分解。它的生理功能是能增进食欲，维持神经正常活动等，缺少它会得脚气病、神经性皮炎等。成人每天需摄入2mg。它广泛存在于米糠、蛋黄、牛奶、番茄等食物中，目前已能人工

合成。

2. 维生素B$_2$。

维生素B$_2$又名核黄素。1879年孕育英国化学家布鲁斯首先在乳清中发现，1933年美国化学家哥尔倍格从牛奶中提取，1935年德国化学家柯恩合成了它。维生素B$_2$是橙黄色针状晶体，味微苦，水溶液有黄绿色荧光，在碱性或光照条件下极易分解。熬粥不放碱就是这个道理。人体缺少它易患口腔炎、皮炎、微血管增生症等。成年人每天应摄入2～4mg，它大量存在于谷物、蔬菜、牛乳和鱼等食品中。

3. 维生素B$_5$。

维生素B$_5$又称泛酸。抗应激、抗寒冷、抗感染、防止某些抗生素的毒性，消除术后腹胀。

4. 维生素B$_6$。

1930年由美国化学家柯列格发现。它有抑制呕吐、促进发育等功能，缺少它会引起呕吐、抽筋等症状。成年人每天摄入量为2mg，它广泛存在于米糠、大豆、蛋黄和动物肝脏中，目前已能人工合成。

每天的需求量：妇女需要1.2毫克。即两片全麦面包加100克熏火腿和一个辣椒，120克鲑鱼片，150克鸡肝或一个鳄梨，100克烤火腿足矣。

功效：我们的身体需要维生素B$_6$来制造大脑递质血

清素，会带来"好情绪"的激情。此外，它还是重要的止痛剂。

副作用：日服100毫克左右就会对大脑和神经造成伤害。过量摄入还可能导致所谓的神经病，即一种感觉迟钝的神经性疾病。最坏的情况是导致皮肤失去知觉。

5. 维生素B_{12}。

1947年美国女科学家肖波在牛肝浸液中发现维生素B_{12}，后经化学家分析，它是一种含钴的有机化合物。它化学性质稳定，是人体造血不可缺少的物质，缺少它会产生恶性贫血症。目前虽已能人工合成，但成本高昂，因此仍用生物技术由细菌发酵制得。人体每天约需$12\mu g$（1/1000mg），人在一般情况下不会缺少。

功效：抗脂肪肝，促进维生素A在肝中的贮存，促进细胞发育成熟和机体代谢，治疗恶性贫血。

6. 维生素B_{13}。
又叫乳酸清。

7. 维生素B_{15}。
又叫潘氨酸。主要用于抗脂肪肝，提高组织的氧气代谢率。有时用来治疗冠心病和慢性酒精中毒。

8. 维生素B_{17}。
剧毒。有人认为有控制及预防癌症的作用。

维生素C：能够捕获自由基

维生素C又叫抗坏血酸。1907年挪威化学家霍尔斯特在柠檬汁中发现，1934年才获得纯品，现已可人工合成。它是无色晶体，熔点190～192℃，易溶于水，水溶液呈酸性，化学性质较活泼，遇热、碱和重金属离子容易分解，所以炒菜不可用铜锅，也不可加热过久。维生素C的主要功能是帮助人体完成氧化还原反应，提高人体灭菌能力和解毒能力。长期缺少维生素C会得坏血病，成人每天需摄入50～100mg。多吃水果、蔬菜能满足人体对维生素C的需要。据诺贝尔奖获得者鲍林研究，服大剂量维生素C对预防感冒和抗癌有一定作用。

植物及绝大多数动物均可在自身体内合成维生素C。可是人、灵长类及豚鼠则因缺乏将L-古洛酸转变成为维生素C的酶类，不能合成维生素C，故必须从食物中摄取。如果在食物中长期缺乏维生素C时，则会发生坏血病。这时由于细胞间质生成障碍而出现出血，牙齿松动，伤口不易愈合，易骨折等症状。由于维生素C在人体内的半衰期较长（大约16天），所以食用不含维生素C的食物3～4个月后才会出现坏血病。因为维生素C易被氧化还原，故一般认为其天然作用应与此特性有关。维生素C与胶原的正常合成、体内酪氨酸代谢及铁的吸收有直接关

系。维生素C在促进脑细胞结构的坚固、防止脑细胞结构松弛与紧缩方面起着相当大的作用，并能防止输送养料的神经细管堵塞、变细、迟缓。摄取足量的维生素C能使神经细管通透性好转，使大脑及时顺利地得到营养补充，从而使脑力好转，智力提高。但有人提出，有亚铁离子（Fe^{2+}）存在时维生素C可促进自由基的生成，因而认为大量应用是不安全的。

每天的需求量：100毫克。即半个番石榴，75克辣椒，90克花茎甘蓝，2个猕猴桃，150克草莓，1个柚子，半个番木瓜，125克茴香，150克菜花或200毫升橙汁。

功效：维生素C能够捕获自由基，能预防癌症、动脉硬化、风湿病等疾病。此外，它还能增强免疫力，对皮肤、牙龈和神经也有好处。

副作用：迄今，维生素C被认为没有害处，因为肾脏能够把多余的维生素C排泄掉。美国新发表的研究报告指出，体内有大量维生素C循环不利于伤口愈合。每天摄入的维生素C超过1000毫克会导致腹泻、肾结石的不育症，甚至还会引起基因缺损。

维生素D：形成骨骼的发动机

维生素D于1926年由化学家卡尔首先从鱼肝油中提取。它是淡黄色晶体，熔点115～118℃，不溶于水，能溶于醚等有机溶剂。它化学性质稳定，在200℃下仍能保持生物活性，但易被紫外光破坏，因此，含维生素D的药剂均应保存在棕色瓶中。维生素D的生理功能是帮助人体吸收磷和钙，它们是造骨的必需原料，因此缺少维生素D会得佝偻症。人体每天应摄取维生素D25μg，但不宜过量，否则易产生副作用。在鱼肝油、动物肝、蛋黄中它的含量较丰富。人体中维生素D的合成跟晒太阳有关，因此，适当地光照有利健康。

每天的需求量：0.0005至0.01毫克。即35克鲱鱼片，60克鲑鱼片，50克鳗鱼或2个鸡蛋加150克蘑菇。只有休息少的人，才需要额外吃些含维生素D的食品或制剂。

功效：维生素D是形成骨骼和软骨的发动机，能使牙齿坚硬。对神经也很重要，并对炎症有抑制作用。

副作用：研究人员估计，长期每天摄入0.025克维生素D对人体有害，可能造成的后果是，恶心、头痛、肾结石、肌肉萎缩、关节炎、动脉硬化、高血压。

维生素E：预防癌症心肌梗死

维生素E于1922年由美国化学家伊万斯在麦芽油中发现并提取，上世纪40年代已能人工合成，1960年我国已能大量生产。它是无臭、无味液体，不溶于水，易溶于醚等有机溶剂中。它的化学性质较稳定，能耐热、酸和碱，但

易被紫外光破坏，因此要保存在棕色瓶中。维生素E是人体内优良的抗氧化剂，人体缺少它，男女都不能生育，严重者会患肌肉萎缩症、神经麻木症等。近年来，科学家还发现它有防老、抗癌作用。维生素E广泛存在于肉类、蔬菜、植物油中，通常情况下，人是不会缺少的。

每天的需求量：妇女需要12毫克。4匙葵花油，100毫克橄榄油，100克花生或30克杏仁加70克核桃，含有妇女一天所需的维生素E。

功效：维生素E能抵抗自由基的侵害，预防癌症、心肌梗死。它能促进男性产生有活力的精子，是真正的"后代支持者"。此外，它还参与抗体的形成。

副作用：每天摄入200毫克的维生素E就会出现恶心，肌肉萎缩，头痛和乏力等症状；每天摄入的维生素E超过300毫克会导致高血压，伤口愈合延缓，甲状腺功能受到限制。

维生素K：能促使血液凝固

维生素K于1929年由丹麦化学家达姆从动物肝和麻子油中发现并提取。它是黄色晶体，熔点52～54℃，不溶于水，能溶于醚等有机溶剂。维生素K化学性质较稳定，能耐热耐酸，但易被碱和紫外线分解。它能促使人体内血液凝固。人体缺少它，凝血时间延长，严重者会流血不止，甚至死亡。奇怪的是人的肠中有一种细菌会为人体源源不断地制造维生素K，加上在猪肝、鸡蛋、蔬菜中含量较丰富，因此，一般人不会缺乏。目前已能人工合成，且化学家能巧妙地改变它的"性格"为水溶性，有利于人体吸收，已广泛地用于医疗上。

维生素H、P、PP、M、T、U

维生素H又称生物素、辅酶R，是水溶性维生素，也属于维生素B族。它是合成维生素C的必要物质，是脂肪和蛋白质正常代谢不可或缺的物质。维生素H具有防止白发和脱发、保持皮肤健康的作用。成人每天摄取量建议为100~300微克。如果将生物素与维生素A、B2、B6、烟酸（维生素B3、维生素PP）一同使用，相辅相成，作用更佳。在牛奶、牛肝、蛋黄、动物肾脏、水果、糙米中都含有生物素，在复合维生素B和多种维生素的制剂中，通常都含有维生素H。

维生素P是由柑桔属生物类黄酮、芸香素和橙皮素构成的。在复合维生素C中都含有维生素P，也是水溶性的。它能防止维生素C被氧化而受到破坏，增强维生素C的效果；能增强毛细血管壁，防止瘀伤；有助于牙龈出血的预防和治疗，有助于因内耳疾病引起的浮肿或头晕的治疗等。许多营养学家认为，每服用500毫克维生素C时，

127

最少应该同时服用100毫克生物类黄酮，以增强它们的协同作用。在橙、柠檬、杏、樱桃、玫瑰果实中及荞麦粉中含有维生素P。

维生素PP也称烟酸。在细胞生理氧化过程中起传递氢作用，具有防治癞皮病的功效。

维生素M也称叶酸，具有抗贫血、维护细胞的正常生长和免疫系统的功能，还能防止胎儿畸形。

维生素T帮助血液的凝固和血小板的形成。

维生素U对治疗溃疡有重要的作用。

小小科学家

为什么容易缺乏维生素A？

科学家及一般人都认为我们可以从食物中获得所需的维生素A。但在一项研究报告中，对数千个美国人的饮食做为期一个月以上的追踪调查，发现有3/4每日所摄取的维生素A，只有2000国际单位。这些调查报告证实，所有由食物中所获得的维生素A，均有利于吸收而进入血液。

在实验室中所分析的蔬菜，可能是由肥沃的土壤所培植，在生长的过程中，吸收充足的阳光及雨水，这些蔬菜中维生素A的含量，也许会比那些生长条件不良的蔬

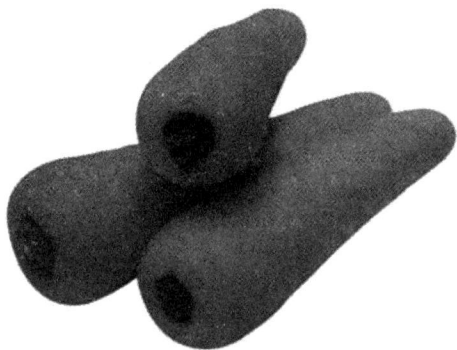

胡萝卜

菜多100倍。经过分析，也发现过完全不含胡萝卜素的胡萝卜。

在运送、储存、冷冻、装罐及烹调的过程中，也都会使维生素A消失。

只吃苜蓿的奶牛，所产出的牛奶中缺乏维生素A，而经过分析，发现苜蓿中不含能防止维生素A遭到破坏的维生素E。而且，化学肥料中的硝酸盐，也会破坏食物、动物肉类和人体内的胡萝卜素及维生素A。

即使蔬菜中含丰富的胡萝卜素，也不一定能为人体所吸收利用。蔬菜中的胡萝卜素，储存在由纤维素构成的人体无法消化的细胞壁中。胡萝卜素无法溶解于水中，因此无法通过细胞壁，必须经过切碎、煮熟及咀嚼的方式，将细胞壁破坏，才能让它进入血液之中。生吃胡萝卜，只能吸收其中所含胡萝卜素的1%，经过煮熟之后，则可以增加至5%～19%。

研究显示，由蔬菜中所吸收的胡萝卜素，平均约为16%～35%；愈软的蔬菜，到达血液的胡萝卜素愈多。如

果将蔬菜打成汁，便可以完全吸收其中的胡萝卜素，但是蔬菜汁若没有马上喝完，许多维生素A便会因氧化而遭到破坏。

饮食中补充维生素C

营养是健康的基础。维生素C缺乏症是一个老话题，但在日常生活中又往往被人们所忽视。维生素C是一种抗"坏血病"的维生素，所以，又被称为"抗坏血酸"，在物质代谢中起着重要作用，同时还有促进细胞间质形成的作用，对维持骨、齿、血液、肌肉等组织的正常机能有很重要的作用。

除此之外，维生素C还能解毒，具有抵抗细菌和病毒感染的能力。人体一旦缺乏维生素C，就会使成胶物质减少，从而导致伤口不易愈合、长骨骨骺与骨干稀疏、关节肿胀以及毛囊角化、齿龈发炎出血、牙齿松动等症状。由于毛细血管管壁脆性增加，患者全身可有广泛的出血点，人们称之为"坏血病"。航海员、长期在干旱沙漠地区工作者，久不食蔬菜和水果，常会患此病。有些偏食的小孩，不吃蔬菜和水果，亦会患此病。

科学研究证明，维生素C在人体内不能自己合成，必须靠进食供给。正常人需要量为每日75毫克，有缺乏现象时，可增加至200～300毫克。除补充维生素C制剂外，膳食中宜多采用富含维生素C的食物。各种酸味重的水果如山楂、鲜枣、橘子、橙子、柠檬、西红柿以及各种新鲜绿叶菜，都是维生素C的良好食物来源。动物性食物中含维生素C较少。

维生素C是一种极其娇嫩的水溶性维生素，它的性质极不稳定，一不注意很容易氧化而被破坏。维生素C不仅怕光、怕热、怕碱，而且还怕铜器、铁器，所以炒菜时最好不使用铜锅或铁锅，而应当选用铝锅。植物的组织中含有抗坏血酸酶，植物性食物放置时间过长，维生素C即可因空气氧化而遭受损失。所以，蔬菜、水果以新鲜者为好。在烹制中应注意：蔬菜应先洗后切，切碎后应立即下锅，并且最好现洗、现做、现吃；烹调宜采用急火快炒的方法，这样可减少维生素C的损失。维生素C在酸性环境中较稳定，如能和酸性食物同吃，或炒菜时放些醋，可提高其利用率。

牛牛趣味集

维生素的故事

维生素也称维他命，是人体不可缺少的一种营养素，它是由波兰的科学家丰克为它命名的，丰克称它为"维持生命的营养素"。人体中如果缺少维生素，就会

患各种疾病。因为维生素跟酶类一起参与着肌体的新陈代谢，能使肌体的机能得到有效的调节。那么维生素是怎么被人们发现的呢？在这个过程中人类付出了多少代价？维生素的发现有一个漫长的历程。

人类对维生素的认识始于3000多年前。当时古埃及人发现夜盲症可以被一些食物治愈，虽然他们并不清楚食物中什么物质起了医疗作用。这是人类对维生素最朦胧的认识。

1519年，葡萄牙航海家麦哲伦率领的远洋船队从南美洲东岸向太平洋进发。三个月后，有的船员牙床破了，有的船员流鼻血，有的船员浑身无力，待船到达目的地时，原来的200多人，活下来的只有35人，人们对此找不出原因。

1734年，在开往格陵兰的海船上，有一个船员得了严重的坏血病，当时这种病无法医治，其他船员只好把他抛弃在一个荒岛上。待他苏醒过来，用野草充饥，几天后他的坏血病竟不治而愈了。

诸如此类的坏血病，曾夺去了几十万英国水手的生命。1747年英国海军军医林德总结了前人的经验，建议海军和远征船队的船员在远航时要多吃些柠檬，他的意见被采纳，从此未曾发生过坏血病。但那时还不知柠檬中的什么物质对坏血病有抵抗作用。

1912年，波兰科学家丰克，经过千百次的试验，终于从米糠中提取出一种能够治疗脚气病的白色物质。这种物质被丰克称为"维持生命的营养素"，简称Vitamin（维他命），也称维生素。

随着时间的推移，越来越多的维生素种类被人们认识和发现，维生素成了一个大家族。人们把它们排列起来以便于记忆，维生素按A、B、C一直排列到L、P、U等几十种。

现代科学进一步肯定了维生素在抗衰老、防止心脏病、抗癌方面的功能。

附录：维生素发展史

公元前3500年——古埃及人发现能防治夜盲症的物质，也就是后来的维A。

1600年——医生鼓励以多吃动物肝脏来治夜盲症。

1747年——苏格兰医生林德发现柠檬能治坏血病，也就是后来的维C。

1831年——胡萝卜素被发现。

1905年——甲状腺肿大被碘治愈。

1911年——波兰化学家丰克为维生素命名。

1915年——科学家认为糙皮病是由于缺乏某种维生素而造成的。

1916年——维生素B被分离出来。

1917年——英国医生发现鱼肝油可治愈佝偻病，随后断定这种病是缺乏维D引起的。

1920年——发现人体可将胡萝卜素转化为维生素A。

1922年——维E被发现。

1928年——科学家发现维B至少有两种类型。

1933年——维E首次用于治疗。

1948年——大剂量维C用于治疗炎症。

1949年——维B_3与维C用于治疗精神分裂症。

1954年——自由基与人体老化的关系被揭开。

1957年——Q10多酶被发现。

1969年——体内超级抗氧化酶被发现。

1970年——维C被用于治疗感冒。

1993年——哈佛大学发表维生素E与心脏病关系的研究结果。

不可超量服用维生素

维生素是维持人体健康和生长发育不可缺少的营养素。如果机体缺乏某种维生素，将会导致一些疾病的发生。近年来，一些医疗研究部门，相继报道了维生素药物在防治感冒、降低胆固醇、抗感染、防肿瘤、抗衰老等方面的作用，加之一些药品经营者片面宣传引荐，某些群众认为维生素是安全药、营养药，用得越多越好，于是盲目长期超量服用维生素类药物。殊不知超量服用维生素不仅得不到应有的效果，还可能引起各种不良反应，甚至造成严重后果。

维生素A可以促进生长，保护上皮组织，对防治皮肤干燥、眼干、夜盲症有一定的作用。但超量摄入，可导致中毒。急性中毒表现为头晕、嗜睡、头痛、呕吐、腹泻等症状；慢性中毒则表现为关节疼痛、肿胀，皮肤瘙痒、疲劳、无力、妇女月经过多等。

维生素B族有20多种，是人体中所需的重要维生素，它对增进食欲，保护神经系统的功能，促进消化吸收、乳汁分泌等都有十分重要的作用。但如果超量服用维生素B6在200毫克以上，将会产生药物依赖，严重者还可能出现步态不稳，手足麻木等。

维生素C大多数人认为用途广、毒性小，是目前应用面最广的一种维生素。如果体内缺乏维生素C可引起皮下出血、齿龈和胃膜下出血，机体对疾病抵抗力下降。但如果每次服用超过1克时，就可能为病毒提供养料，可谓得不偿失。还可导致腹痛、腹泻、尿频，影响儿童生长发育，影响孕妇的胎儿发育，甚至患先天性坏血病等。

维生素D对防治儿童佝偻病十分有效，但超量服用同样可导致严重的不良反应。长期超量服用维生素D在1800毫克后，就会出现生长停滞，影响儿童生长发育。

维生素E又名生育酚，为一种常用药品兼营养保健药。目前在国内外用途十分广泛，临床价值日益重要，已涉及内、外、妇、儿、传染、皮肤、放射等科。目前，大量应用于调整性腺功能，促进新陈代谢，提高工作效率，减轻疲劳，加强人体组织中供氧量，防止胆固醇沉积，防止血栓形成等。但如果长期服用每日量达到400～800毫克，可引起视力模糊、乳腺肿大、头痛、头晕、恶心、胃痉挛。长期服用每日量超过800毫克，将改变内分泌代谢，引起免疫功能下降等。

值得注意的是，维生素如果按照规定量正确使用，在治疗疾病、抗衰老等方面，仍然是毒性小、疗效好的良药。重要的是，不可无病滥用，要在医生指导下，有针对性地科学用药、安全用药，才能获得防治效果。

水溶性维生素

水溶性维生素是一类能溶于水的有机营养分子。其中包括在酶的催化中起着重要作用的B族维生素以及抗坏血酸（维生素C）等。

在理想状态，人们可从膳食中获得需要的维生素。在下面情况造成人体所需的维生素缺乏。

1. 食物匮乏，食物运输、储藏、加工不当，造成食物中的维生素丢失，结果造成维生素摄入不足。

2. 当人们消化吸收功能降低，如咀嚼不足、胃肠功能降低、膳食中脂肪过少、纤维素过多等会造成维生素消化吸收率下降。

3. 不同生理期的人群，如妊娠哺乳期的妇女，生长发育期的儿童，疾病、手术期的人群对维生素的需要量相对增高。

4. 特殊环境下生活、工作的人群，由于精神压力或环境污染的缘故，对维生素的需要量相对增高。

每种维生素，人们对它的认识，初期都有一个有趣的故事。往往是由于某种维生素的缺乏症引起人们的注意，接着发现补充某种食物后，症状就消失了，再从此种食物种提取出有效成分，接着以化学合成的方法得到这种物质，并加以更加深入的研究。

能量的匮乏马上表现出饥饿，而维生素和矿物质的匮乏，往往是极度缺乏，出了症状后才知道。人体维生素的缺乏是一个渐进的过程，最初是组织中维生素的存储量降低，然后出现亚健康状态，继续发展下去引起组织病理性改变并出现临床症状和体征。

叶酸——来自绿叶中的营养素

维生素M也称叶酸，具有抗贫血、维护细胞的正常生长和免疫系统的功能，还能防止胎儿畸形。

　　叶酸又叫叶精，是一种水溶性维生素。叶酸易被紫外线破坏，因此，新鲜蔬菜在室温下贮藏2～3天其叶酸量会损失50～70%。食物中50～95%的叶酸在烹调时被破坏。叶酸缺乏症在全世界被公认为一个保健问题。婴儿，青少年和孕妇特别容易受到叶酸缺乏的危害。

　　叶酸的主要生理功能：

　　1. 是蛋白质和核酸合成的必需因子，在细胞分裂和繁殖中起重要作用；

　　2. 血红蛋白的结构物——卟啉基的形成、红细胞和白细胞的快速增生都需要叶酸参与；

　　3. 使甘氨酸和丝氨酸相互转化，使苯丙氨酸形成酪氨酸，组氨酸形成谷氨酸，使半胱氨酸形成蛋氨酸；

　　4. 参与大脑中长链脂肪酸如DHA的代谢，肌酸和肾上腺素的合成等；

　　5. 使酒精中乙醇胺合成为胆碱。

　　叶酸缺乏会产生的症状及其毒性：

　　婴儿缺乏叶酸时会引起有核红细胞性贫血，孕妇缺乏叶酸时会引起巨幼红细胞性贫血。

　　孕妇在怀孕早期如缺乏叶酸，其生出畸形儿的可能性较大。

　　膳食中缺乏叶酸将使血中半胱氨酸水平提高，易引起动脉硬化。

膳食中摄入叶酸不足，易诱发结肠癌和乳腺癌。

叶酸在正常情况下没有毒性。食物中来源于肝、肾、豆制品、甜菜、蛋类、鱼、绿叶蔬菜（如莴苣、芦笋、菠菜等）、坚果、柑橘以及全麦制品等。

自然吉尼斯

天然维生素丸——红枣

枣子的品种繁多，民间除了市场卖的新鲜红枣外，还有干品红枣。干品红枣一般分为直接晒干而成的（红枣），以及在棉籽油松烟水中煮熟，再用烟火熏烤成的（黑枣）。

中医将红枣归于补气药类，称其性味甘平，有润心肺、止咳、补五脏、治虚损的功效，在胃肠道功能不佳如蠕动力弱及消化吸收功能差时，就很适合常吃红枣以改善肠胃不佳功能而增益体力。

唯用于肠胃较易胀满者，则应加些生姜同煮，才不会助长胀气。红枣和黑枣两者成分、功效类同，但黑枣有加强补血的效果。

根据现代药理研究，红枣有增强体能、加强肌力的功效。红枣含糖量高可以产生的热量大，另外亦含有丰富的蛋白质、脂肪及多种维生素，尤其所含的维生素C量，

几乎居众水果之冠。因此红枣可以说是天然维生素丸。

最特别的是红枣含有环磷酸腺苷（CAMP），能扩张冠状动脉，增强心肌收缩力，和中医称其有补益功效是相符合的。

在精神紧张、心中烦乱、睡眠不安或一般更年期症候群时，中医的处方常配加红枣，主要因为是红枣有镇静作用，因此平常如果生活紧张者，不妨在主菜汤中加入一些红枣同食。

红枣成分中维生素C含量很高，而且含有环磷酸腺苷及山楂酸等成分，经过研究证实，以上三者均有抑制癌症的效果，也就是说红枣有很好的预防癌症功效，是适合现代环境的健康食品。

维C果王

水果不仅味道鲜美，而且营养丰富、种类繁多，人人喜食，苹果、梨、葡萄、柑桔、芒果、荔枝等，都具有悠久的栽培历史和众多优良品种。

但20世纪初，一种产于中国山林的野果——猕猴桃，被新西兰园艺家引种栽培后，却后来居上，一跃成了举世闻名的"超级水果"。猕猴桃不仅口味独特，而且营养价值极高，尤其是维生素C的含量，每100克果实中最高达到了400多毫克，是一向以富含维生素C而著称的柑

刺梨

桔的5～10倍，远远超过了所有传统栽培的世界名果，因此享有"维C果王"的美誉，甚至被美国和前苏联指定为宇宙飞行员的营养食品。

然而，猕猴桃"维C果王"的宝座并没有坐多久，就不得不让位给另一种产于中国南方山林中的野果——刺梨。

刺梨是一种蔷薇科蔷薇属灌木，株高2米左右。花粉红色，有微香，直径4～6厘米，很美丽。它的果实呈扁球形，直径3～4厘米，熟时红色。刺梨果外形上最大的特点

是密被长刺，就连果柄上也刺毛林立。大概正是由于果上带刺令人感到难以下口的原因，这种野果在古代一直没有引起人们的重视，仅在产地民间被用作健胃、消食的草药。直到上世纪30年代以来，一些中外学者的分析研究才逐渐剖露出刺梨富含维生素C等营养成分的本来面目。但刺梨真正引起社会的广泛重视，被作为高营养野果开发利用，只有20年左右的历史。

刺梨果究竟含有多少维生素C呢？贵州农学院生化营养研究室80年代初分析了采自贵州山区的101个样品，结果是惊人的：每100克刺梨"果肉"中平均含维生素C2818.09毫克，最高者达3541.13毫克。由于产地、取样及测试条件的差异，各地刺梨果维C含量的测试结果也不尽相同。但许多资料都表明，每100克刺梨果的维C含量均在2000毫克以上，大约是柑桔的70倍，山楂的20多倍，猕猴桃的5～10倍。因此，刺梨成为"维C果王"是当之无愧的。

刺梨果不仅维C含量高，而且还富含蛋白质、脂肪、维生素B1和B2、β胡萝卜素、维生素P等营养物质及8种人体所需的微量元素，又被称为"山林之宝"。这种野果只要去掉果皮上的长刺，就可食用，味道酸中带涩，有股特殊的香味。也可将刺梨加工成果脯、果酱，还可榨汁制清凉饮料及酿制各种刺梨酒。

　　刺梨自然生长在我国四川、贵州、云南、广东、江苏、浙江、江西、湖北等许多省区的山林中，多见于山脉的阴坡及沟谷溪水旁，是一种具有很大开发潜力的自然资源。

第七章　合理营养，健康生活

　　我们每天都要补充食物来保持我们的能量，在人们长期的摸索中，一天吃三餐就比较符合我们的饮食规律了，那每餐应该吃什么？怎么吃呢？这就是我们要学的营养食谱了。看看牛牛是怎样设计他的营养食谱的。

牛牛大讲堂

何为营养？

　　营养指的是机体从外界摄取食物，并利用其所含有的营养素维持生命活动的过程。营养素是食物中的有效成分。机体通过摄取食物与外界环境发生联系，并通过对营养素的有效利用来维持自身结构完整和内环境的稳定。

　　自然界可供人类食用的食物品种繁多，功用各异。但维持人体日常需要的营养素种类只有：蛋白质、糖类、

中国居民平衡膳食宝塔

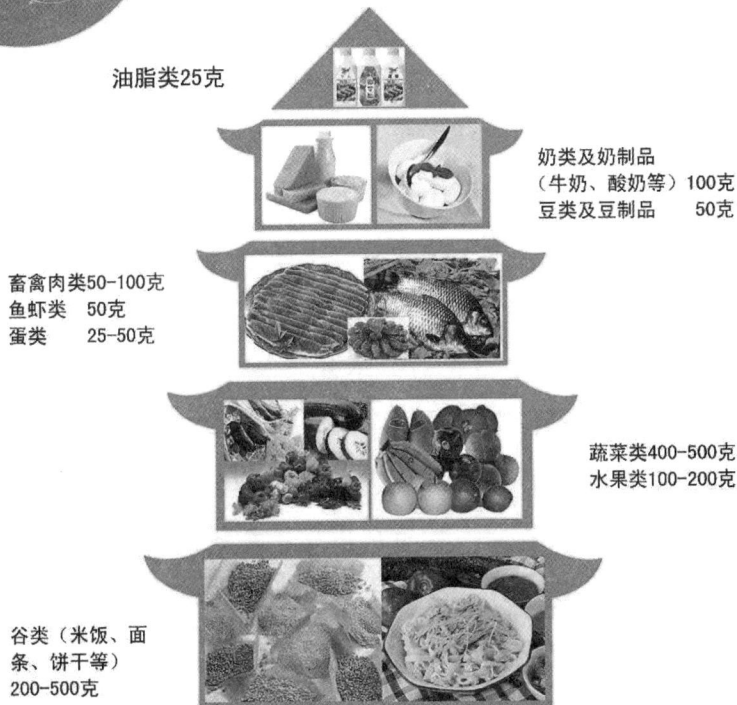

脂肪、矿物质（又称无机盐，可再分为常量元素和微量元素两类）、维生素、膳食纤维素和水7大类，共约40余种。它们各有其特殊的生理功能，共同参与人体的代谢活动。自然界任何种类的单一天然食物都无法提供人体所需的全部营养素，必须多种食物互相按一定比例搭配，才能

满足人体合理的营养需求。因此合理营养强调的是：供给人类食用的食物中所含营养素应种类齐全、含量适度、比例适当。

出于居安思危的考虑，很多人开始关注补充营养，但是研究学者指出：补充营养不可盲目，需要根据自身需求，适量补充。比如处于生长发育期的儿童及青少年、孕产妇、中老年人群等，对营养需求的量都是不同的。

营养保健其实是一种过程。在这一过程中，食物和营养品应该是相辅相成的，不能单纯依赖某一方面。在"中国居民平衡膳食宝塔"中，塔基（最底层）为谷类薯类及杂豆和水，第二层为蔬菜类、水果类，第三层为畜禽肉类、鱼虾类、蛋类，第四层为奶类及奶制品、大豆类及坚果；塔尖（最高层）为油、盐，分量逐层减少。当然不同人群最好咨询营养师之后，制定属于自己的日常膳食搭配，总之要均衡吸收各种营养。

以补钙为例，单纯从食物中摄取钙质，很多人以为这样就足够了，但是人体吸收钙质，还需要维生素D来辅助，因此，并不是每天喝足够的牛奶、吃足够的含钙食物就够了。

营养膳食的健康小知识

随着人们生活水平的提高，对饮食的考虑也从"吃饱"转向"吃好"。但是由于营养知识的缺乏，不少人对"吃好"的认识出现偏差，误认为把肥甘厚味，香甜美味的东西吃个心满意足，就是"吃好"，以至于过量摄入油脂、糖类等高热量食物，结果是在一部分经济条件较好的人群中肥胖病、糖尿病、高血脂病等与膳食营养摄入不当有关的疾病，显著增多。这说明物质条件改善后普及营养知识，教会人们合理营养是一项紧迫而又十分艰巨的任务。

营养的核心是"合理"，就是"吃什么""吃多少""怎么吃"，合理营养是一个综合性概念，它既要求通过膳食调配提供满足人体生理需要的能量和多种营养素，又要改变合理的膳食制度和烹调方法，以利于各种营养物质的消化吸收和利用；此外，还应避免膳食构成的比例失调，某些营养素摄入过多，以及在烹调过程中营养素的损失或有害物质的形成，因为这些都可能影响身体健康。

要想做到合理的膳食营养，应从三方面入手：

1. 合理的膳食调配；

2. 合理的膳食制度；

3. 合理的烹调方式。

营养科学告诉我们：没有一种食物能提供给我们身体所需要的全部营养物质，关键在于调配多种不同的食

物，组成合理膳食以提供机体所需的多种营养素。

所谓膳食制度是指把今天的食物定质、定量、定时地分配食用的制度。在一天内的不同时间，人体所需要的能量和营养素的数量不完全相同，人的生理状况也不同。因此，针对人们的不同生活工作及学习情况，拟订出适合他们各自生理需要的膳食制度是极为重要的。确定膳食制度要注意以下几个方面：

1. 用膳时间应和生活工作及学习时间相配合；

2. 进餐间隔时间不宜过长，也不宜太短，因一般混合性膳食胃排空时间为4～5小时，因此三餐间隔以4～5小时为宜。大多数人一天主要活动在上午，因而要特别注意吃早餐，不吃早餐会降低工作学习效率，还会损害身体健康。

3. 全天多餐食物分配，通常早餐摄入的能量应占全天总能量的25～30%，午餐40%，晚餐占30～35%。

食物的烹调加工是使食物美味，可口，易于消化。食物加工的过程中有些营养素会有不同程度的损失，应尽量避免，如做米饭时尽量减少淘米次数，不要用力搓洗，不要丢弃米汤；油炸面食会破坏面粉中的维生素，应尽量少吃；蔬菜最好先洗后切，急火快炒，更不要先焯了再炒；煮菜汤时应在水开后下菜，煮的时间不可太长。

我们早餐该怎么吃？

中学生一周早餐食谱（1）：

星期一早餐：二米粥（大米、小米）、牛肉包子、芹菜叶拌花生米

星期二早餐：红枣大米粥、烧饼、肉松、豆腐干拌黄瓜丁

星期三早餐：核桃仁玉米粥、馒头、蒸鱼、虾皮炒圆白菜

星期四早餐：燕麦粥、发糕、香椿炒鸡蛋、凉拌海米海带丝

星期五早餐：小米桂圆粥、豆沙包、瘦肉丝炒干豆腐、辣白菜

星期六早餐：大米绿豆粥、麻酱花卷、煮鸡蛋、海米拌豇豆

星期日早餐：麦片粥、玉米饼、苦瓜炒鸡肉、洋葱拌虾皮、果汁

中学生一周早餐食谱（2）：

星期一早餐：面包、蒸银鱼蛋羹、黄瓜豆干拌海米、牛奶

星期二早餐：蛋糕、酱牛肉、胡萝卜炒青豆、生西红柿一个、牛奶

星期三早餐：发糕、煮鸡蛋、黑芝麻拌海带丝、豆奶

星期四早餐：烧饼夹肉、炒绿豆芽虾皮、牛奶

星期五早餐：核桃酥、香肠、糖拌西红柿、牛奶

星期六早餐：肉丁包、蒸芋头、小葱虾皮拌豆腐、凉拌糖醋水萝卜、牛奶

星期日早餐：面包、果酱、火腿肠、牛奶

中学生一周早餐食谱（3）：

星期一早餐：肉丝汤面、发糕、黄豆芽炒雪里红

星期二早餐：馒头、芹菜炒腐竹、荷包蛋、菠菜蚶肉虾皮汤

星期三早餐：海鲜面条（牡蛎肉）、肝泥花卷、虾皮豆腐干拌黄瓜丁

星期四早餐：花卷、蒸鱼、煮花生米、白菜豆腐牡蛎汤、苹果

星期五早餐：馒头、荷包蛋、香干炒芹菜、紫菜虾皮汤

星期六早餐：麻酱花卷、虾皮馄饨、蒸蛋羹、肉末炒芹菜

星期日早餐：烤饼、紫菜蚬肉疙瘩汤、酱猪肝、橘子

科学安排我们的一日三餐

我国居民的饮食习惯为一日三餐，人体的主要营养素来源于三餐饮食。科学的三餐营养分配原则是：早餐营养素摄入量占全天营养素需要量的30%，中餐占40%，晚餐占30%。也可根据工作需要，做适当的调整。

1. 要重视早餐。

不合理的早餐，一类是唯蛋白质型，早餐只有一杯牛奶或一个煎鸡蛋，很少甚至完全没有糖类。吃这类早餐的人整个上午血糖都处于相对稳定的低水平，难以进行快速思维，记忆力也较差。另一类是唯碳水化合物型，只吃馒头、稀饭，缺少蛋白质。吃这类早餐学生刚开始血糖水平较高，思维活跃，精力充沛，但血糖水平下降迅速，会造成思维和记忆能力的持续下降。

合理的早餐饮食最好是干、稀搭配，营养搭配，应有蛋白质、碳水化合物（糖）、维生素。可选择米粥、面条、豆浆、牛奶，加馒头、花卷、面包、鸡蛋，有条件的，还可吃些酱肉、青菜、豆类等，以少油腻、易消化为

宜。

2. 中餐要吃好。

主食可为米饭、馒头，菜的品种要多样化，荤素搭配。

3. 晚餐要适量。

晚餐的搭配和中餐类似，但不宜过于丰盛，也不要吃得太饱。

特别提醒广大中小学生，更要重视早餐的摄入量，只有早餐的质和量都达到营养需求，才能满足学生一上午5~6小时学习过程的营养消耗。因为学习过程主要是大脑工作过程，大脑工作主要消耗的是糖类即碳水化合物，碳水化合物主要来源于米粥、米饭、面条、面包、馒头、蛋糕等面食，所以学生的早餐要摄入足量碳水化合物。有些家长误认为米、面食物没有营养，早餐只单纯让孩子吃些牛奶、蛋类、肉类等高蛋白食物，这样不但不能满足身体营养需要，长期下去还能引起胃功能失调，营养不良，导致学习能力下降。

晚餐的摄入量原则上占全天营养素需要量的30%，据调查发现大多数学生的晚餐是超量的。由于多种原因导致早餐和中餐摄入不足，晚餐往往吃得又多又好。如果晚餐吃得过饱，人体的大量血液进入消化系进行食物的消化吸收了，大脑的血液供应相对减少，因此，大脑的兴奋性

降低，此时人体觉得疲乏、容易发困，因此学生晚间学习效率受到影响。

小小科学家

鸡蛋生吃健康吗？

鸡蛋好吃又有营养，是一种老少皆宜，人人都推崇且爱吃的食品。而鸡蛋里丰富的营养成分还被人们视为补充营养的佳品，经常食用鸡蛋可增强记忆力，还可保护心脏和动脉血管、预防癌症、延缓衰老。可如果不能正确加工和食用，补品就会变为"废品"，甚至是"毒品"，所以掌握科学的鸡蛋的吃法也是十分重要的。

1.吃未熟鸡蛋易引起腹泻。

鸡蛋蛋白含有抗生物素蛋白，会影响食物中生物素的吸收，使身体出现食欲不振、全身无力、肌肉疼痛、皮肤发炎、脱眉等症状。鸡蛋中含有抗胰蛋白酶，影响人体对鸡蛋蛋白质的消化和吸收。未熟的鸡蛋中这两种物质没有被分解，因此影响蛋白质的消化、吸收。

鸡蛋在形成过程中会带菌，未熟的鸡蛋不能将细菌杀死，容易引起腹泻。因此鸡蛋要经高温后再吃，不要吃未熟的鸡蛋。

生鸡蛋的蛋白质结构致密，有很大部分不能被人体

吸收，只有煮熟后的蛋白质才变得松软，人体胃肠道才可消化吸收。生鸡蛋有特殊的腥味，会引起中枢神经抑制，使唾液、胃液和肠液等消化液的分泌减少，从而导致食欲不振、消化不良。

2. 吃煮老的鸡蛋不易吸收。

鸡蛋煮得时间过长，蛋黄表面会形成灰绿色硫化亚铁层，很难被人体吸收。蛋白质老化会变硬变韧，影响食欲，也不易吸收。

3. 鸡蛋与豆浆同食降低营养价值。

早上喝豆浆的时候吃个鸡蛋，或是把鸡蛋打在豆浆里煮，是许多人的饮食习惯。豆浆性味甘平，含植物蛋白、脂肪、碳水化合物、维生素、矿物质等很多营养成分，单独饮用有很好的滋补作用。但其中有一种特殊物质叫胰蛋白酶，与蛋清中的卵清蛋白相结合，会造成营养成分的损失，降低二者的营养价值。

4. 鸡蛋与糖同煮导致血液凝固。

鸡蛋与糖同煮会因高温作用生成一种叫糖基赖氨酸的物质，破坏了鸡蛋中对人体有益的氨基酸成分，而且这种物质有凝血作用，进入人体后会造成危害。如需在煮鸡蛋中加糖，应该等稍凉后放入搅拌，味道不减。

5. 炒鸡蛋不需放味精破坏鲜味。

鸡蛋中含有氯化钠和大量的谷氨酸，这两种成分加热后生成谷氨酸钠，有纯正的鲜味。味精的主要成分也是谷氨酸钠，炒鸡蛋时如果放入味精，会影响鸡蛋本身合成谷氨酸钠，破坏鸡蛋的鲜味。

6. 煮熟的鸡蛋用冷水浸后存放易变质。

一些人常将煮熟的鸡蛋浸在冷水里，利用蛋壳和蛋白的热膨胀系数不同，使蛋壳容易剥落，但这种做法不卫生。因为新鲜鸡蛋外表有一层保护膜，使蛋内水分不易挥发，并防止微生物侵入。鸡蛋煮熟后壳上膜被破坏，蛋内气腔的一些气体逸出，此时鸡蛋置于冷水内会使气腔内温度骤降并呈负压，冷水和微生物可通过蛋壳和壳内双层膜上的气孔进入蛋内，贮藏时容易腐败变质。

方便面究竟有营养吗？

方便面主要由面饼和调味料组成。面饼一般是用棕榈油将已煮熟调味的面条硬化压制而成。它的营养物质主要是淀粉，含油脂通常在16%～20%之间，蛋白质含量不超过10%。营养主要是来自于面粉的B族维生素和矿物质。

调料包通常有2～3袋，一个是液态油包，或是加了动物油的酱包；另一个是盐、味精、香辛料等混合的粉包；有的还有一包少量脱水蔬菜。调料包的第一大成分是脂肪。如果是酱包，油脂含量通常超过50%。如果是油

包，所含脂肪超过95％，以不饱和脂肪为主。粉包中含有大量盐分、香料和添加剂等。

虽然从营养上，方便面并非一无是处，但其中也存在很多健康问题。先说面饼，由于加工的原因，实际上面饼里的维生素和矿物质等营养成分的含量比面粉低。特别是经过油炸，淀粉中的营养损失更严重。

调料包中油盐含量过高也是健康隐患。人体摄入脂肪过多，会引起肥胖，带来脂肪肝、高血脂、高血压、高血糖等疾病。同时，油脂经高温加热，营养价值也会降低，其中的维生素A、E，胡萝卜素等营养成分都会遭到破坏。

实际上，方便面就是加了油盐的主食，只适合于临时就餐不便或受到条件限制吃不到东西时补充能量，不能经常替代一顿包括蔬菜、水果、肉类、蛋类等的正餐。

饥饿难耐，方便面确实能填饱肚子，但它提供的主要是能量，而非营养。在人们每天摄入的蛋白质、脂肪、碳水化合物、维生素、矿物质、纤维素、水等七大营养元素中，只要缺乏其中一种营养素，时间长了，都会造成营养缺乏。

想把方便面吃得健康，最好别把调味包中的调料全部倒入汤内，应酌量倒入，以减少味精、盐和油。由于方便面中的营养仅是碳水化合物以及少许蛋白质，因此最好

能煮着吃，再可以根据个人的喜好，加入新鲜青菜、鸡蛋、肉类、豆制品等，或是配些能生吃的水果蔬菜，如黄瓜、西红柿、萝卜、香蕉、梨、橘子等，以弥补蛋白质、维生素、矿物质和膳食纤维的不足。

睡觉前可以吃哪些食物？

1. 燕麦片。

燕麦是很有价值的睡前佳品，含有富足的N－乙酰－5－甲氧基色胺。煮一小碗谷类（谷类食品），加少许蜂蜜混合其中是再合适不过了。试试大口大口地用力咀嚼，足以填补你的牙洞了。

2. 香蕉。

香蕉实际上就是包着果皮的"安眠药"，它除了含有丰富的复合胺和N－乙酰－5－甲氧基色胺之外，还富有能使肌肉放松的镁。

3. 温奶。

睡前喝杯温奶有助于睡眠的说法早已众人皆知，因为牛奶中包含一种色氨酸，它能够像氨基酸（氨基酸食品）那样发挥镇静的功效。而钙（钙食品）能帮助大脑充分利用这种色氨酸。将温和的牛奶盛在奶瓶中，那更会带给你一种回到幼年的温馨之感，轻轻地告诉你"放松些，一切都很好"。

4. 蜂蜜（蜂蜜食品）。

大量的糖分具有兴奋作用，但是少量的葡萄糖（葡萄糖食品）能够适时地暗示大脑分泌orexin（苯基二氢喹唑啉），这是一种新发现的与思维反应相关的神经传递素。所以滴几滴蜂蜜到温奶或者香草茶中也是有助于睡前放松的。

5. 土豆。

一个小小的烤土豆是不会破坏你的胃肠道的，相反它能够清除那些妨碍色氨酸发挥催眠作用的酸性化合物。如果混合温奶做成土豆泥的话，效果会更加的棒哦！

6. 菊花茶。

菊花茶之所以成为睡前配制茶饮品的首选，主要是因为其柔和的舒眠作用，是凝神静气的最佳天然药方。

7. 杏仁。

杏仁同时含有色氨酸和松缓肌肉的良药——镁。所以吃少量的利于心脏健康的坚果也是催眠的又一妙招喔！

眼睛不好应该多吃点什么东西？

眼睛是人们的五官之首，心灵之窗。一双美丽动人的眼睛会给人以无穷的魅力，对青年人尤其是对女青年来说，眼睛的健美是至关重要的。为了使自己的眼睛明亮健美，在日常生活中，除了要加强对眼睛的保护外，还应当在饮食中多摄入一些有利于眼睛功能的营养物质。一般来说，对眼睛健美有益的食物有以下几方面：

1. 富含维生素A的食物。

维生素A是维持人体上皮组织正常代谢的主要营养素，能维持眼角膜正常，不使角膜干燥、退化，并有增强在暗光中视物能力的作用。如果体内缺乏维生素A，可出现角膜炎、干眼病、怕光、流泪，甚至可导致结膜增厚或软化，视力减退，以致出现夜盲症或失眠。因此，要多选用富含维生素A的食物。维生素A主要存在动物性食品中如动物肝脏、蛋、奶、鱼肝油、黄油等食品中。另外，胡萝卜素是维生素A的前体物质，在体内可以转化为维生素A，但其转化率仅为1/6，主要含在胡萝卜、菠菜、莴苣叶、韭菜、空心菜（竹叶菜）、豌豆苗、苜蓿、南瓜、番茄、苋菜、枇杷、紫菜、青豆等中。

2. 富含维生素B_2的食物。

维生素B_2能保证视网膜和角膜的正常代谢，如果缺乏维生素B_2易患角膜炎、出现流泪、眼发红、发痒，甚至眼痉挛等症状。维生素B_2是我国居民容易缺乏的一种维生素，因此，在膳食中应该注意选择富含维生素B_2的食物，特别是青春期应多吃动物肝脏、心、肾、蛋黄、奶油和有色蔬菜，尤其是一些野菜含维生素B_2特别丰富。

3. 富含维生素B_1和尼克酸的食物。

如果维生素B₁和尼克酸摄入不足，易出现眼球震颤、视觉迟钝等症状。维生素B₁在粗粮中含量丰富，尼克酸在食物中一般也是充足的，所以只要饮食合理搭配，食物多样化，即可达到护眼的目的。

4. 富含维生素C的食物。

维生素C是组成眼球晶状体的成分之一。若体内缺乏维生素C，易患晶状体混浊的白内障，故要多吃一些富含维生素C的食物，如新鲜的蔬菜和水果等。

5. 富含长链多不饱和脂肪酸的鱼类。

鱼类特别是深海鱼富含长链多不和脂肪酸如DHA（二十二碳六烯酸）和EPA（二十碳五烯酸），具有对视网膜的保护作用，如果每周能吃1~2次可保护视力。

牛牛趣味集

醋的作用

醋是人们常用的调味品，其药用价值也非常高。医学发现，醋浸泡的食物有防治疾病的作用，特别是对防治高血压、冠心病、糖尿病、肥胖症、感冒、干咳及延缓衰老有特殊作用。

醋泡花生米：将花生米浸泡于食醋中，24小时后食用，每日2次，每次10~15粒。长期坚持食用可降低血压，软化血管，减少胆固醇的堆积，是辅助防治心血管疾病的保健食品。

醋泡香菇：将洁净的香菇放入容器内，倒入醋放冰箱冷藏，一个月后即可食用。醋浸香菇能降低人体内的胆固醇，有助于改善高血压和动脉硬化患者的症状。

醋泡黄豆：将炒熟的黄豆放入瓷瓶中，倒入食醋浸泡。黄豆与食醋的比例为1：2，严密封口后置于阴凉通风干燥处，7天后食用。每次服15～20粒，每日3次，空腹嚼服。有辅助防治高血压与降血脂、降胆固醇的作用，可预防动脉粥样硬化。

醋泡大蒜：将去皮的大蒜瓣放水中浸泡一夜，滤干倒入食醋浸泡50天后即可食用。每天吃2～3瓣醋泡大蒜，并少量饮用经稀释3倍的醋浸汁，可解热散寒、预防感冒，有强身健体之效。

醋泡海带：将海带切成细丝，按1：3的比例加食醋浸泡，冷藏10天，即可食用。海带含有丰富的钙、磷、铁、钾、碘和多种维生素，具有强健骨骼、牙齿，防止软骨病和改善高血压症状等功效。

醋泡玉米：取玉米500克煮熟滤干，加入食醋1000毫升浸泡24小时，再取出玉米晾干。每日早晚各嚼服20～30粒。有辅助降血压作用。

醋泡冰糖：将冰糖捣碎后浸泡于食醋中，浸泡两天

待冰糖溶化后即可服用，咳喘多痰者在早饭前、晚饭后可服10～20毫升。

醋泡鸡蛋：取米醋适量，装入大口杯或大瓶中，将洗净的鸡蛋1枚，浸泡在醋里。经过24～48小时，蛋壳便全部溶解。将鸡蛋取出，用筷子挑破软皮，把蛋黄、蛋清搅匀，即为醋蛋。醋蛋可补充蛋白质，降脂、降压、软化血管，能预防老年人心血管疾病。

醋泡洋葱：洗净一个洋葱，剥去外皮切成薄片，放到微波炉里加热大约2～3分钟，再将洋葱放到容器里，加5大汤匙食用醋，然后放在冰箱里。第二天早晨即可食用。每天早餐用这种洋葱佐食，可有效降低血糖，并使体重减轻。

不宜食醋的几种情况：

1. 空腹不宜食醋。

不论你的胃肠有多强健，都不适合在空腹时食醋。因为空腹食醋，会导致胃酸。研究学者建议在饭后1小时食醋，不会刺激胃肠，且帮助消化。

2. 胃病患者不宜食醋。

胃溃疡患者以及胃酸过多者最好少吃，因为醋本身含有丰富的有机酸，能促使消化器官分泌大量消化液，从而加大胃酸的消化作用，导致胃病加重。

3. 胃肠功能障碍及其他病患者也不宜食醋。

胃壁过薄、胃酸分泌过多、十二指肠溃疡患者，食醋宜限量，更不要尝试喝醋。此外，胆囊炎、肾炎、低血压、胆结石、骨损伤等患者切忌食醋。

4. 醋与牛奶不能同食。

醋中含醋酸及多种有机酸，而牛奶是一种胶体混合物，本身就有一定的酸度。当醋与牛奶一同食用时，酸度增加，产生凝集和沉淀，不易被人体消化吸收。肠胃虚寒的人，更易引起消化不良或腹泻。

大豆的营养价值

《史记》里有记载，大豆起源于中国，中国人吃豆有几千年的历史。当下，大豆更是膳食指南中规定的中国居民每天都该摄入的食物之一。人们常吃的豆类有十余种，为什么独独大豆获得了"豆中之王"、"田中之肉"、"绿色的牛乳"等等美誉？这主要是因为大豆五个无可比拟的优点：

1. 所有植物性食物中，只有大豆蛋白可以和肉、鱼及蛋等动物性食物中的蛋白质相媲美，被称为"优质蛋白"。

2. 动物性食物虽能补充优质蛋白，但却带来了饱和脂肪酸及胆固醇。大豆中的脂肪以不饱和脂肪酸为主，富含的卵磷脂还有助于血管壁上的胆固醇代谢，预防血管硬

化。

3. 富含钙质：每100克大豆中含有钙200毫克左右，其钙含量是小麦粉的6倍，稻米的15倍，猪肉的30倍。

4. 含多种保健因子：例如异黄酮、植物固醇、皂甙等多种"非营养成分"，对于调节机体的生理功能、维护健康有重要作用。

5. 食用方式丰富：可以加工成豆浆、豆腐、豆干、腐竹、豆芽，发酵后可制成豆豉、豆汁、酱油及各种腐乳，大豆深加工则能生产分离蛋白、卵磷脂等产品。

如何给孩子选择零食？

近年来，随着我国社会经济的发展和居民饮食结构的变化，零食在我国儿童青少年日常饮食中的地位日益凸显。伴随着日益丰富的零食种类和创新产品，越来越多的孩子们喜爱用零食来满足味觉享受，然而，天然健康的零食尚未进入主流，如何正确引导青少年食用健康零食，成为了社会关注的热点话题。

那究竟该如何正确选择零食？何种零食能做到美味与健康两不误？近日，国内儿童营养工作的领军人物指出："目前，我国儿童青少年的膳食营养状况还存在诸多问题，合理安排一日三餐、均衡膳食，是解决这些问题的重要措施之一。喜好吃零食是孩子们的天性，在合适的时间吃一些健康的零食，除了满足能孩子们'享受'的同时，还能提供部分能量和营养素。因此，应该引导孩子们从小学会正确地选择零食，不仅要从口味和喜好上出发，更要选择健康的零食，这样既能使孩子们享受到吃零食的快乐，又能获得均衡的营养。日常生活中有很多天然的零食种类，如奶类、豆制品、坚果（核桃、瓜子）、新鲜水果以及天然未经过加工的干果如葡萄干等。"

葡萄干大约有36%的果糖和32%的葡萄糖，这两种单糖都易被人体吸收并转换成能量，为孩子们随时保持充沛体力加油助力；同时，与其他传统的零食相比，干果主要的特色是果肉含量高，更加利于身体健康。

各种颜色蔬菜的营养分析

营养学家们建议人们要尽可能多吃五颜六色的食物，这样才能更好地预防疾病，保持健康。近日美国农业部（USDA）特别建议，每周至少要吃两次橙色食物，多吃深色食物，可防止衰老以及年龄增长带来的疾病。

橙色食物提升免疫力。橙色食物通常含有 α 和 β 胡萝卜素，人体能够把其转化为维生素A，从而起到保护眼睛、骨骼和免疫系统健康的作用。橙色食物还富含抗氧化剂，可减少空气污染对人体造成的伤害，能消灭引起疾病的自由基，预防多种疾病。

推荐食物：胡萝卜、白薯、杏、香瓜、哈密瓜、芒果、木瓜、南瓜和柑橘。

除了每周两次橙色食物外，各色果蔬营养也不同。

黄、绿色食物预防失明。黄色和绿色的蔬菜富含叶黄素和玉米黄质，可以预防与年龄有关的黄斑部退化，后者通常会造成老年人的失明。此外，绿叶蔬菜也富含有益健康的 β 胡萝卜素。

推荐食物：玉米、莴苣、生菜、苦菜、西葫芦、菜豆、甜菜、甘蓝、芥菜和青萝卜。

红、蓝、紫色食物护心健脑。蓝色、紫色和红色的水果蔬菜富含的抗氧化剂，能够保持心脏健康和大脑功能

营养丰富的各类蔬菜

正常运转。花青素让蔬果呈现蓝紫色，能让人保持思维敏锐。

推荐食物：番茄、西瓜、茄子、李子、葡萄、草莓和紫甘蓝。

此外，十字花科蔬菜，如甘蓝、菜花、卷心菜能有效预防癌症，也应该常吃。

自然吉尼斯

鸡蛋是世界上最营养早餐

近日，美国杂志又为鸡蛋戴上了"世界上最营养早餐"的殊荣。该杂志报道，据研究，鸡蛋除了含有人们熟知的多种营养物质外，还含有两种氨基酸——色氨酸和酪氨酸，它们具有很强的抗氧化能力。一个蛋黄的抗氧化剂含量就相当于一个苹果。

研究者称，"鸡蛋被评为'最营养早餐'是有道理的。因为人体在经过一夜的新陈代谢后，急需补充营养，而鸡蛋中含有蛋白质、脂肪、卵黄素、卵磷脂、维生素和铁、钙、钾等人体所需矿物质。在早餐中，除了鸡蛋，还应含有主食、牛奶、豆浆、蔬菜、肉类等食物，共同搭配成为营养均衡的早餐。"

煮鸡蛋营养全、油脂少。很多人喜欢在早餐中吃个

煎鸡蛋，觉得外焦里嫩，口感很好。但临床营养师付金如表示，煎炸过程对鸡蛋的营养成分有很大破坏，且过多的油脂摄入也不利于健康。所以健康且营养的早餐鸡蛋吃法，还是煮着吃或者在面汤里"卧"个鸡蛋。

番茄、青椒是最佳搭配。研究学者认为，"缺乏维生素C是鸡蛋唯一的'短处'，搭配番茄、青椒等，就可以弥补。"

建议老人每天吃1个鸡蛋。鸡蛋中的胆固醇一直是人们所顾虑的，特别提醒，1个鸡蛋中含胆固醇达300毫克左右，达到了普通成年人的每天摄入量。所以针对不同人群的营养需求，鸡蛋的食用量要有所不同。研究学者推荐，儿童、孕妇、乳母和运动量大的人，对蛋白质的需求量高于常人，可以每天吃1～2个鸡蛋。正常的成年人、老年人，每天吃1个鸡蛋即可。血脂异常患者或肥胖的人，建议每周吃2～4个鸡蛋比较合适，避免摄入过多的胆固醇。

最助消化的食物

很多人都喜欢在饮食中调配些糙米等谷物，但是，你知道它们的营养特点和保健功效吗？

所谓糙米，就是将带壳的稻米在碾磨过程中去除粗糠外壳而保留胚芽和内皮的"浅黄米"。糙米中的蛋白质、脂肪、维生素含量都比精白米多。

　　米糠层的粗纤维分子有助于胃肠蠕动，对胃病、便秘、痔疮等消化道疾病有效。糙米较之精白米更有营养，能降低胆固醇，减少心脏病发作和中风的几率。

　　糙米适合一般人群食用，但由于糙米口感较粗，质地紧密，煮起来也比较费时，建议煮前将它淘洗后用冷水浸泡过夜，然后连浸泡水一起投入压力锅，煮半小时以上。

　　因为其中的淀粉物质被粗纤维组织所包裹，人体消化吸收速度较慢，因而能很好地控制血糖；同时，糙米中的锌、铬、锰、钒等微量元素有利于提高胰岛素的敏感性，对糖耐量受损的人很有帮助。

　　日本研究证明，糙米饭的血糖指数比白米饭低得多，在吃同样数量时具有更好的饱腹感，有利于控制食量，从而帮助肥胖者减肥。

　　因此，日本、韩国、新加坡等国家很早就掀起了吃糙米控制体重的热潮。

图书在版编目（CIP）数据

生命的基础/姚宝骏，郭启祥主编. －南昌：百花洲文艺出版社，2012. 2
（自然科学新启发丛书）
ISBN 978-7-5500-0308-8

Ⅰ.①生… Ⅱ.①姚…②郭… Ⅲ.①生命科学－青年读物
②生命科学－少年读物 Ⅳ.①Q1-0

中国版本图书馆CIP数据核字（2012）第029967号

生命的基础

主　　编　　姚宝骏　郭启祥

本册主编　　曾宾宾

出 版 人　　姚雪雪
责任编辑　　毛军英　胡志敏
美术编辑　　彭　威
制　　作　　彭　威
出版发行　　百花洲文艺出版社
社　　址　　南昌市阳明路310号
邮　　编　　330008
经　　销　　全国新华书店
印　　刷　　江西新华印刷集团有限公司
开　　本　　787mm×1092mm　1/16　印张　11
版　　次　　2012年3月第1版第1次印刷
字　　数　　120千字
书　　号　　ISBN 978-7-5500-0308-8
定　　价　　18.70元

赣版权登字 －05-2012-25
邮购联系　　0791-86894736
网　　址　　http://www.bhzwy.com
图书若有印装错误，影响阅读，可向承印厂联系调换。